Arduino 入门

创意案例编程 与提高

唐茜 著

中国电力出版社
CHINA ELECTRIC POWER PRESS

内 容 提 要

本书是作者在多年的软硬件平台设计和教学经验基础上撰写的一本 Arduino 创意案例开发入门图书，全书共 36 个案例，每个案例都从创作灵感、技术方案、程序设计、视野拓展等方面进行了深入浅出的讲解，激发读者创作灵感，提升智能产品设计、制作能力，从而创作出更多实用、有趣的作品。在这些案例讲解中，还详细介绍 Arduino 元器件的使用，包括 Arduion 控制器、面包板、电阻模块和各种输入输出设备，如按钮、开关、温湿度传感器、红外传感器、超声波传感器、激光雷达、电机、喇叭、LED 等。

本书案例丰富、讲解细致，既可作为创客及智能硬件爱好者的 Arduino 入门图书，也可作为高校电子信息类相关专业的教材。

图书在版编目（CIP）数据

Arduino 创意案例编程入门与提高 / 唐茜著. —北京：中国电力出版社，2022.7
ISBN 978-7-5198-6231-2

Ⅰ. ① A⋯　Ⅱ. ①唐⋯　Ⅲ. ①单片微型计算机 - 程序设计　Ⅳ. ① TP368.1

中国版本图书馆 CIP 数据核字（2021）第 240588 号

出版发行：中国电力出版社
地　　址：北京市东城区北京站西街 19 号（邮政编码 100005）
网　　址：http://www.cepp.sgcc.com.cn
责任编辑：马首鳌　（010-63412396）
责任校对：黄　蓓　于　维
装帧设计：王红柳
责任印制：杨晓东

印　　刷：三河市航远印刷有限公司
版　　次：2022 年 7 月第一版
印　　次：2022 年 7 月北京第一次印刷
开　　本：710 毫米 ×1000 毫米　16 开本
印　　张：14.5
字　　数：219 千字
定　　价：65.00 元

前　言

　　Arduino 是一个集硬件、开源软件于一身的创作电子平台，它包含了丰富的用户社区。开发者可以通过 Arduino 开发板，以及配套的制造工具来设计创造有趣的设备和可以交互的装置等。通过一系列的学习和训练，培养使用者的想象力和耐心。不论是初学者，还是专业人士都可以使用 Arduino 创造他想要实现的东西，Arduino 不仅操作方便，而且其开放的源代码具有得天独厚的优势。Arduino 的用户体验极其简单，由于 Arduino 简化了自身的操作方式，任何人都可以非常轻松地使用它来完成自己的项目。本书中部分章节使用了 Arduino 的辅助工具 ArduBlock，ArduBlock 是第三方开发的图形化编程软件，通过将程序可视化、图形化，使得开发者能够轻松上手程序从而投身创意表现之中。Arduino 的使用场景极其广泛，小到日常照明灯泡、停车场升降杆，大到太空环境中的航空设备，可以通过学习 Arduino 相关知识，不断开拓新思路，使之成为开发者、设计者优秀的创造助手。本书通过对 Arduino 的学习和创意案例制作，给从事工业产品设计的老师、学生及设计人员提供一个简单易懂的产品创新设计平台，通过利用 Arduino 开源电子平台来设计出更多优秀且实用的产品，同时也为创意设计思维的实现提供更多可能。

　　如果您是一名数码极客、设计学习者或爱好者，不妨开始下面的学习，亲手制作自己的装备装置。本书第 1 章介绍了 Arduino 与 ArduBlock 的基础知识以及安装教程和使用方法，通过本章的学习，读者就可以开始 Arduino 的学习之路。第 2 章讲解了多变的 LED 灯，通过多个模块的学习掌握 LED 灯的各种用法。第 3 章介绍了旋转小风扇，读者可通过本章学习了解小风扇是如何工作的。第 4 章在前两章所学模块的基础上，使用丰富的模块组合学习制作智慧小车。通过第 2 ～ 4 章的学习，读者可以使用 Arduino 控制 LED灯、风扇和智慧小车，第 5 章介绍更多复杂案例希望能够激发读者创作灵感，动手制作更多有趣的作品，第 6 章作为设计提升章节，根据工业设计和产品设计思维，不仅有实用性设计案例，也有情感化设计案例。第 7、8 章从视觉交互类产品和创新产品的设计两个方面的设计案例来给读者提供更多利用Arduino 进行产品设计的设计思路和应用方式，同时进一步巩固本课程内容。本书一共介绍 36 个案例，难易程度从易到难，新颖有趣，通过这些案例的学习，读者可掌握基于 Arduino 编程及设计的能力。

编著者

扫码下载案例源代码

第 1 章　初识 Arduino

Arduino 是一个集硬件和软件于一身的开源工具，使用者通过 Arduino 的编程语言和 Arduino 软件来进行项目的开发工作。

Arduino 不仅在日常生活中扮演重要角色，就连许多复杂的高科技仪器都离不开它的贡献。Arduino 还有一个由各行各业的爱好者组成的社区，学生、程序员、设计师都聚集在此贡献自己的创意，这些开源的项目及其代码给大多数新手提供了极大的帮助。

Ivrea 交互设计学院是 Arduino 的诞生之地。因其自身极简的操作方式，Arduino 备受那些没有编程背景的爱好者、学生们所爱。又因其开源的代码环境，Arduino 在不断扩大自身的影响力。

凭借 Arduino 简单的用户体验，Arduino 已经在成千上万个成熟的项目中担任重要角色。Arduino 面对没有编程经验的爱好者表现良好，面对经验丰富的开发者也一样游刃有余。它可以寄生于不同的操作系统，如 Windows、Mac、Linux 等，老师可以利用它制作简单有趣的教学用具，供学生们参考；艺术家和设计师们可以通过它创造出简单的设计模型、交互原型。任何儿童、业余爱好者、艺术家、程序员等都可以基于 Arduino 开发平台进行操作和设计。它为初学者们提供了以下优势：

价格便宜。与其他微型处理器平台相比，Arduino 开发平台不仅开发板价格相较便宜，其配套的元件也相较容易获取。

强大的兼容性。Arduino 开发软件不仅适用于 Windows 操作系统，也有相对应的 Mac 和 Linux 版本。

操作简单。对于初学者来说，Arduino 清晰简单的环境使得初学者极其容易上手，面对经验丰富的开发者也能灵活使用。

1.1 Arduino 控制器

Arduino 是一款便捷灵活、方便上手的开源电子原型平台，平台由硬件 Arduino 控制器和软件 Arduino 集成开发环境（IDE）组成。

Arduino 控制器是一块电子开发板，型号非常丰富，其中最常见的是 Arduino Uno 系列，另外还有 Due、Nano、Leonardo 等其他型号，如图 1-1 所示。

Due   Nano   Leonardo

图 1-1　其他型号的 Arduino 控制器

本书所使用的 Arduino 控制器为 Arduino Uno Rev3，如图 1-2 所示，它有 14 个数字 I/O 端口（其中六个具有 PWM 输出功能）、6 个模拟端口、一个 16MHz 晶振时钟、一个 USB 连接、一个电源插孔、一个 ICSP 接头和一个复位按钮。只需要通过 USB 数据线连接电源就能够供电、程序上传和数据通信。

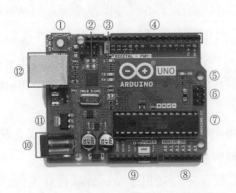

① 复位按钮
② ATmega16U2
③ 串口通信指示灯
④ 数字端口 0-13
⑤ 电源指示灯
⑥ ICSP 端口
⑦ 微控制器
⑧ 模拟端口 A0-A5
⑨ 电源接口
⑩ DC 插头（外置 7-12V 供电）
⑪ 5V 稳压芯片
⑫ USB 接口

图 1-2　Arduino Uno Rev3

Arduino Uno 是基于 ATmega328P 的电子开发平台，以下是 Arduino Uno 的主要参数：

（1）微控制器：ATmega328P。

（2）工作电压：5V。

（3）数字 I/O 引脚：14 个数字输入 / 输出引脚（其中 6 个数字引脚前标有"~"提供 PWM 输入输出），6 个模拟输入 / 输出引脚。

（4）每个输入 / 输出引脚的直流电流 20mA，3.3V 引脚 50mA 的直流电流。

（5）32KB 闪存（ATmega328P），其中 0.5KB 由引导加载程序使用。

（6）SRAM：2KB（ATmega328P）。

（7）EEPROM：1KB（ATmega328P）。

（8）工作时钟：16MHz。

1.2　下载安装 Arduino IDE

用户通过 Arduino IDE 软件来编写程序并上传至控制器中。可以通过 Arduino 的官网 https://www.arduino.cc 下载最新版本的 Arduino IDE 软件。下载的时候注意选择与计算机操作系统相适应的软件版本。开发环境、官方驱动、标准示例以及说明文档都在安装包内。

下面以 Arduino1.8.13 版以及 Windows 系统为例介绍软件下载和安装步骤。

第一步：打开 Arduino 官方网址 https://www.arduino.cc，进入首页，如图 1-3 所示。

图 1-3　Arduino 官网

第二步：点击 SOFTWARE，选择 DOWNLOADS，如图 1-4 所示。

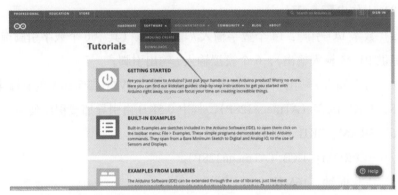

图 1-4　下载

（1）根据自己电脑的操作系统，选择相应的软件版本进行下载操作。如图 1-5 所示。

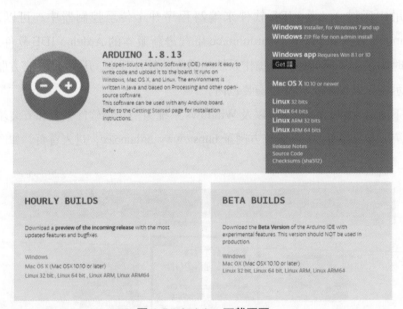

图 1-5　Arduino 下载页面

（2）下载完成后，解压文件夹，打开 Arduino 应用程序，出现 Arduino 界面，如图 1-6 所示。

图 1-6　打开 Arduino 界面

（3）安装完成后连接电脑和开发板，选择所对应的端口，如图 1-7 所示。

图 1-7　选择端口

1.3　ArduBlock 图形化编程软件的安装

　　ArduBlock 是一款为 Arduino 设计的第三方图形化编程软件，依附 Arduino IDE 运行。因其可视化的交互特性，适用没有编程经验的入门者。

1.3.1 新建文件夹

打开 Arduino 软件如图 1-8 所示，点击左上角"文件"按钮。

图 1-8 Arduino 界面

点击"首选项"如图 1-9 所示。

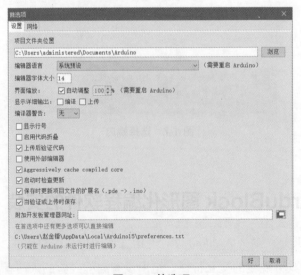

图 1-9 首选项

找到文件夹位置并打开，新建 tools 文件夹（如有就不需要重新新建），如图 1-10 所示。

图 1-10　新建 tools 文件夹

打开 tools 文件夹，在 tools 文件夹里面新建 ArduBlockTool 文件夹，如图 1-11 所示。

图 1-11　新建 ArduBlock 文件夹

打开 ArduBlockTool 文件夹，在 ArduBlock 文件夹里面新建 tool 文件夹，如图 1-12 所示。

图 1-12　新建 tool 文件夹

把 ardublock-all.jar 文件添加 tool 文件夹里面，如图 1-13 所示。

图 1-13　添加 ardublock-all.jar 文件

1.3.2　下载软件

通过网址下载 ArduBlock 插件。

下载网址：https://blog.ardublock.com

1.3.3　运行软件

点击 Arduino 上方"工具"（见图 1-14），选择 ArduBlock（2015-beta）即可启动 ArduBlock，界面如图 1-15 所示。

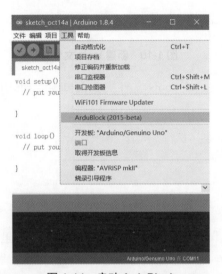

图 1-14　启动 ArduBlock

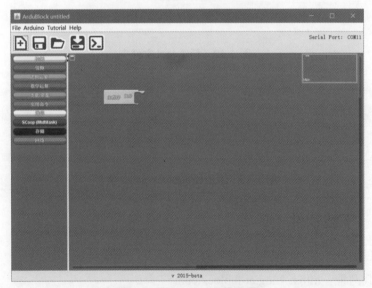

图 1-15　ArduBlock 界面图

1.3.4　应用示例

启动 ArduBlock 之后，我们会发现它的界面（见图 1-16）主要分为三大部分：上部的工具区，左边的积木区，右边的编程区。工具区主要包括保存、打开、下载等功能；积木区主要是用到的一些积木命令；编程区则是通过搭建积木编写程序的区域。

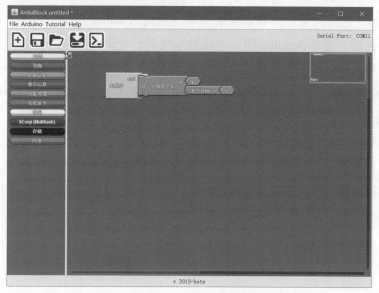

图 1-16　ArduBlock 示例

示例：将按钮模块连接数字针脚 3；LED 灯连接数字针脚 4。

通过如下程序图可实现"按下按钮则 LED 灯点亮，松开按钮则 LED 灯熄灭"效果。

1.4　视野拓展

时至今日，Arduino 已经成为 Github 上开源硬件项目最多的开发平台。早期只有 51 单片机的时候，Arduino 还是刚出生的"婴儿"，硬件圈内的人看见如此简单的东西，便纷纷称它为"玩具"，毕竟太过于简单，以至于那些没有足够知识储备的人都能轻松上手，后来，在国外出现了选来越多的好玩项目，人们逐渐意识到这些项目都是基于 Arduino 做出来的。因为极其简单，容易上手，开发难度低，Arduino 也逐渐开始被大家接受，开始逐渐走入主流的视野。后来 3D 打印机的出现改变了 Arduino 的市场环境，大多数 3D 打印机的主控板都是 Arduino，因为过于好用且便宜，Arduino 当仁不让成为打印机的主流主控板。后来随着智能家居的发展，设计师们同程序员们鼎力合作，将 Arduino 运用到无数的智能家居领域。至此 Arduino 开始了它的商业化进程。再往后，随着 Arduino 的应用领域越来越广泛，产品设计、音乐等领域各种利用 Arduino 开发的项目层出不穷。随后，越来越多的本科院校开设了 Arduino 的课程，学生们上手极快，哪怕是没有相关知识储备也能第一时间通过 Arduino 完成自己设计的项目。

　　Arduino 追求想象力和创造力的自由表达，可以让设计师将智慧聚焦和倾注在自主设计的世界中去，它能帮助我们更快速地实现自己的想法，调动我们的积极性，丰富我们的眼界。因此，让我们通过本书中的案例动手起来，在实际项目中了解并学习 Arduino 吧。

第 2 章　多变的 LED

LED（Light Emitting Diode，发光二极管）是一种能够将电能转化为可见光的固态半导体器件，它可以直接把电转化为光。LED 的心脏是一个半导体晶片，晶片的一端附在一个支架上，是负极，另一端连接电源的正极，整个晶片被环氧树脂封装起来。

一个典型的高光通量 LED 器件能够产生几流明到数十流明的光通量，更新的设计可以在一个器件中集成更多的 LED，或者在单个组装件中安装多个器件，从而使输出的流明数相当于小型白炽灯。例如，一个高功率的 12 芯片单色 LED 器件能够输出 200lm 的光能量，功率 10~15W。

LED 光源的应用非常灵活，可以做成点、线、面各种形式的轻薄产品。LED 只要调整电流，就可以随意调光，不同光色的组合变化多端，利用时序控制电路，更能达到丰富多彩的动态变化效果。LED 已经被广泛应用于各种照明设备中，如闪光灯、微型声控灯、安全照明灯等。

白光 LED 的出现，是 LED 从标识功能向照明功能跨出的实质性一步。白光 LED 最接近日光，更能较好地反映照射物体的真实颜色，所以从技术角度看，白光 LED 无疑是 LED 最尖端的技术。白光 LED 已开始进入一些应用领域，应急灯、手电筒、闪光灯等产品相继问世。

2.1　闪烁的 LED——走马灯

在 20 世纪 60 年代，科技工作者利用半导体 PN 结发光的原理，研制成了 LED 发光二极管，通过 30 年的发展，成为大家如今所熟悉的 LED 灯，但 LED 灯只能发出红橙黄绿蓝等多种色光，直到 2000 年以后才发展出了白色光的 LED 灯。

最初的 LED 灯只用作仪器仪表的指示光源，普通照明用的白炽灯和卤钨灯虽价格便宜，但是它的光效很低、寿命短、维护工作量大。LED 光源可以使用低压电源，而且耗能更少，适应性比普通灯更强，稳定性更高，响应的时间更短，且对环境没有污染。

我们可以通过开关或声音以及光线的明暗来控制 LED 灯的亮灭，Arduino 是否能实现这种操作呢？本章节我们将讲解如何实现这个操作。

2.1.1 学习目标

深入学习 LED 组装方法，培养图形化编程及元器件连接能力。通过控制单个 LED 灯的引脚高低电平，从而控制 LED 灯的暗灭状态，进而掌握控制多个 LED 的亮灭，制作完成"走马灯"作品。

2.1.2 硬件材料

走马灯实验所需元器件清单如表 2-1 所示。

表 2-1 走马灯实验所需元器件清单

序　号	名　　称	数　量
1	Arduino Uno3 开发板	1
2	电阻 R=330Ω	8
3	LED 灯	8
4	面包板	1

材料解释

Arduino 开发板：Arduino 包含硬件部分（各种型号的 Arduino 开发板）和软件部分（Arduino IDE）。

Arduino 硬件部分可以独立工作，也可以与外部硬件设备协同工作。比如利用 Arduino 配合各种传感器来感知环境，使用 Arduino 控制电机来驱动机械臂、机器人和无人机。

Arduino 开发板的程序开发环境是 Arduino IDE 软件。只需要在 IDE 中编写好程序代码，并且将程序上传到 Arduino 后，Arduino 就会根据你的吩咐执行交给他的任务了。Arduino 开发语言是基于 C/C++ 的。所以在使用前建议学习前有一定的编程基础，便于后面软件的操作和使用。本书将使用 Arduino Uno3 开发板进行案例讲解，如图 2-1 所示。

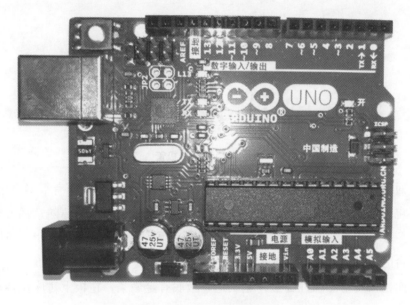

图 2-1　Arduino Uno3 开发板

电阻：电阻的英文名称为 resistance，通常缩写为 R，它是导体的一种基本性质，与导体的尺寸、材料、温度有关。欧姆定律指出电压、电流和电阻三者之间的关系为 I=U/R，亦即 R=U/I。电阻的基本单位是欧姆，用希腊字母 "Ω" 来表示。电阻的单位欧姆有这样的定义,在导体上加上一伏特电压时，产生一安培电流所对应的阻值。电阻的主要职能就是阻碍电流流过。电阻器是电气、电子设备中用得最多的基本元件之一，主要用于控制和调节电路中的电流和电压，或用作消耗电能的负载。

LED 灯：LED（如图 2-2 所示）的心脏是一个半导体的晶片，半导体晶片由两部分组成，一部分是 P 型半导体，在它里面空穴占主导地位，另一端是 N 型半导体，在这边主要是电子。但这两种半导体连接起来的时候，它们之间就形成一个 P-N 结。当电流通过导线作用于这个晶片的时候，电子就会被推向 P 区，在 P 区里电子跟空穴复合，然后就会以光子的形式发出能量，这就是 LED 灯发光的原理。而光的波长也就是光的颜色，是由形成 P-N 结的材料决定的。

图 2-2　发光二极管

面包板：面包板又称万用线路板或集成电路实验板，上面有很多小插孔，用于电子电路的无焊接实验。由于各种电子元器件可根据需要随意插入或拔出，免去了焊接，节省了电路的组装时间，而且元件可以重复使用，所以非常适合电子电路的组装、调试和训练。

面包板使用热固性酚醛树脂制造，板底有金属条，在板上对应位置打孔使得元件插入孔中时能够与金属条接触，从而达到导电目的。一般将每 5 个孔板用一条金属条连接。板子中央一般有一条凹槽，这是针对需要集成电路、芯片试验而设计的。板子两侧有两排竖着的插孔，也是 5 个一组，这两组插孔用于连接电源，母板使用带铜箔导电层的玻璃纤维板，作用是把无焊面包板固定，并且引出电源接线柱。面板可分为无焊面包板、单面包板和组合面包板。

2.1.3　硬件搭建

8 个 LED 的走马灯电路原理图如图 2-3 所示，LED 灯的负极通过电阻连接到 GND，正极分别连接 Arduino Uno 开发板的数字引脚 2 ～ 9。

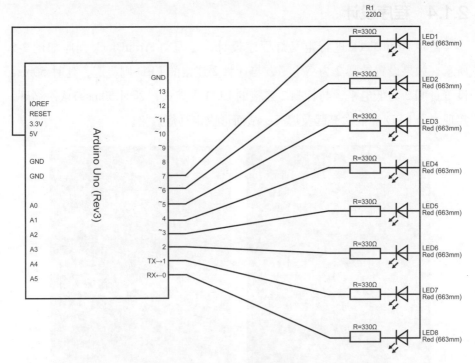

图 2-3　走马灯电路图

依据电路原理图进行实物连接，走马灯面包板连接实物图如图 2-4 所示。

图 2-4　走马灯面包板电路

2.1.4　程序设计

使用 ArduBlock 进行走马灯程序设计，走马灯 ArduBlock 程序如图 2-5 所示，如果设置针脚 2 为高电平，与针脚 2 连接的 LED 则亮起，延时 50ms；设置针脚 2 为低电平，与针脚 2 连接的 LED 则熄灭，延时 50ms。依次循环，实现 8 个 LED 灯依次亮起及熄灭，从而形成走马灯效果。

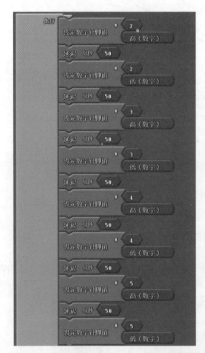

图 2-5　走马灯程序设计

程序编写完成后，在软件界面上方点击工具栏里的"上载"按钮，程序将上传至 Arduino 控制器，上传成功后即可看到 8 个 LED 灯依次亮起的走马灯效果。

2.1.5　实践验证

本节 LED 走马灯实验过程可通过链接或二维码进行观看。

视频链接：https://j.youzan.com/E8cqtB

扫码观看

2.1.6　视野拓展

1. LED 点阵屏

LED 点阵屏由多个 LED 灯珠组成，以灯珠亮灭来显示文字、图片、动画、视频等，通常由显示模块、控制系统及电源系统组成。

2. LED 点阵屏特点

（1）亮度高：相对 0603 或 0805 等形式的分立表贴，LED 可以有更多的光通量被反射出。

（2）可实现超高密度：室内可高达 62.500 点 / 平方米（P4）。也有厂家可以做到 p3。密度越大所需要的散热性能越高。

（3）混色好：利用发光器件本身的微化处理和光的波粒二象性，使得红光粒子，纯绿光粒子，蓝光粒子三种粒子都将得到充分地相互混合搅匀。

（4）环境性能好：耐湿、耐冷热、耐腐蚀。

（5）抗静电性能优势超强：制作有着严格的标准，产品结构也有绝缘设计。

（6）可视角度大：140 度（水平方向）。

（7）通透性高：新一代点阵技术凭借自身的高度纯度性能，以及几近 100% 光通率的环氧树脂材料，达到了接近完美的通透率。

LED 点阵显示屏制作简单，安装方便，被广泛应用于各种公共场合，如汽车报站器、广告屏以及公告牌等。

3. 全彩色 LED 显示屏

传统 CRT 显示器的主要部件是真空阴极射线管。发展到如今，真空阴极射线管固有的几个重大缺点，使得它越来越难适应消费者的要求。CRT 显示器内部具有超高压元器件，高压时会导致射线超标，考虑到散热会在屏蔽罩上钻孔，会导致辐射泄露。CRT 显示器是靠偏转线圈产生电磁场来控制电子束在屏幕上周期性的扫描来达到显示图像的目的的，容易出现画面的几何失真，线性失真等。

LED 全彩色显示屏是由三种发光二极管组成的。这三种发光二极管分别是红色，绿色，蓝色。与传统液晶显示屏相比，LED 全彩色显示屏亮度更高、工作的电压更低、消耗的功率更小、更加小型、寿命更长，这些显著的优点使它更能满足消费者的需要。

2.1.7　学习小结

在本节走马灯案例中，使用了 1 个 Arduino 开发板、8 个电阻、8 个 LED 灯和 1 个面包板，将 8 个 LED 灯分别连接到 8 个数字针引脚，编写并上传走马灯程序，使 8 个 LED 灯依次亮起及熄灭，形成走马灯。

2.1.8　课后思考

大家学会了利用 Arduino 制作闪烁的 LED 灯了吗？通过这个简单的案例，大家有没有什么启发呢？希望发挥自己的想象力，创造出更有趣的闪烁的 LED 灯。

2.2　PWM 调光

为什么要用 PWM 进行调光呢？首先要了解它传统的调光方式。大家知道对于光亮度的调节，传统的方法也就是改变它的电压，比如说你要控制一台灯的亮度，可以通过串联一个可调电阻，通过改变电阻的大小，灯的亮度就会发生改变。这种调节方式需要去旋转滑动变阻器，也就是可调电阻器，来实现对光亮度的调节。

这个方法过于复杂，需要人手动去不断地进行调节，那么是不是还有其他办法来解决呢？这时候就出现了 PWM 调节，用官方语言来表达的话，其控制方式就是对逆变电路开关器件的通断进行控制，使输出端得到一系列幅值相等的脉冲，用这些脉冲来代替正弦波或所需要的波形。也就是在输出波形的半个周期中产生多个脉冲，使各脉冲的等值电压为正弦波形，所获得的输出平滑且低次谐波少，按一定的规则对各脉冲的宽度进行调制，既可改变逆变电路输出电压的大小，也可改变输出频率。

通俗来说，这种调节方式不需要去串联电阻，而是去关联一个开关。举个例子我们假设在 1 毫秒内，有 0.1 毫秒灯是亮着的，而 0.9 毫秒灯是灭着的，这样持续下去，灯就会闪烁。当闪烁的频率超过人眼可以识别到的范围之后，人就察觉不出灯光的闪烁，只会看到灯没有之前那么亮了。这就是 PWM 的基本原理，也是本节所要去了解和验证的。

2.2.1　学习目标

本节实验将通过 LED 灯、面包板和滑动变阻器连接组装电路，设计图形化程序，实现调节滑动变阻器从而改变灯的亮度，充分理解电阻器的数值与 LED 灯的数值所对应从而达到控制效果的原理。

2.2.2　硬件材料

PWM 调光实验所需元器件清单如表 2-2 所示。

表 2-2　PWM 调光实验元器件清单

序　　号	名　　称	数　　量
1	Arduino Uno3 开发板	1
2	电阻 R=330Ω	1
3	LED 灯	1
4	面包板	1
5	滑动变阻器	1

滑动变阻器又称为电位器,它的工作原理是通过改变接入电路部分电阻线的长度来改变电阻的,从而逐渐改变电路中的电流大小。滑动变阻器的电阻丝一般是熔点高、电阻大的镍铬合金,金属杆一般是电阻小的金属,所以电阻丝越长,电阻越大;电阻丝越短,电阻越小。

2.2.3　硬件搭建

滑动变阻器调节 LED 灯亮度电路图如图 2-6 所示,LED 灯负极通过电阻连接到 GND,正极连接 Arduino Uno 开发板的数字针脚 9,电位器左右两针脚分别连接 Arduino Uno 开发板 5V 及 GND,中间信号针脚连接 A0 端口。

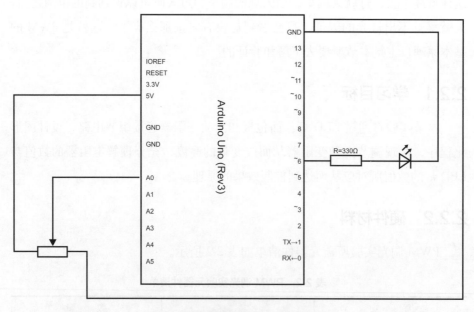

图 2-6　可调节亮度 LED 灯电路图

依据电路图进行实物连接,滑动变阻器调节 LED 灯实物连接如图 2-7 所示,红色 LED 灯的亮度随电位器的调节而变化。

图 2-7　可调节亮度 LED 灯面包板电路

2.2.4　程序设计

　　使用 ArduBlock 进行程序设计，如图 2-8 所示。程序编写完成后，在软件界面上方点击工具栏里的上载按钮，由此程序将上传至 Arduino 控制器，上传成功后调节滑动变阻器的阻值，LED 的亮度随即改变。

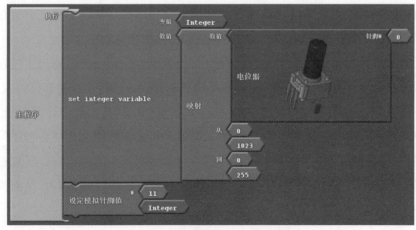

图 2-8　可调节亮度 LED 灯程序图

2.2.5 实践验证

本小节 PWM 调光实验过程可通过链接或二维码进行观看。

链接：https://j.youzan.com/dzhqtB

扫码观看

2.2.6 视野拓展

1. 数字信号

在数字电路中，由于数字信号只有 0、1 两种状态，它的值是通过中央值来判断的，在中央值以下规定为 0，以上规定为 1，所以即使有其他干扰信号，只要干扰信号的值不超过阈值范围，就可以再现出原来的信号。即使因干扰信号的值超过阈值范围而出现了误码，只要采用一定的编码技术，也很容易将出错的信号检测出来并加以纠正。与模拟信号相比，数字信号在传输过程中具有更高的抗干扰能力，更远的传输距离，且失真幅度小。

数字信号在传输过程中不仅具有较高的抗干扰性，还可以通过压缩以占用较少的带宽，实现在相同的带宽内传输更多音频、视频等数字信号的效果。此外，数字信号还可以用半导体存储器来存储，并可直接用于计算机处理。若将电话、传真、电视所处理的音频、文本、视频等数据及其他各种不同形式的信号都转换成数字脉冲来传输，还有利于组成统一的通信网，实现今天各界人士和电信工业者们极力推崇的综合业务数字网络（IS-DN）。从而提供全新的，更灵活、更方便的服务。

从原始信号转换到数字信号一般要经过抽样、量化和编码这样三个过程。抽样是指每隔一小段时间，取原始信号的一个值。间隔时间越短，单位时间内取的样值也就越多，这样取出的一组样值也就越接近原来的信号。抽样以后要进行量化，正如我们常常把成绩 80~100 分以上归为优，60~79 分归为及格，60 分以下归为不及格一样，量化就是把取出的各种各样的样值仅用我们指定的若干个值来表示。在上面的成绩"量化"中，我们就是把 0~100 分仅用"优""及格""不及格"三个度来量化。最后就是编码，把量化后的值分别编成仅由 0 和 1 这两个数字组成的序列，由脉冲信号发生器生成相应的数字信号。这样就可以用数字信号进行传送了。

2. 模拟信号

模拟信号（analog signal）是指在时域上数学形式为连续函数的信号。与模拟信号对应的是数字信号，后者采取分立的逻辑值，而前者可以取得连续值。模拟信号的概念常常在涉及电的领域中被使用，不过经典力学、气动力学（pneumatic）、水力学等学科有时也会使用模拟信号的概念。

模拟信号利用对象的一些物理属性来表达、传递信息。例如，非液体气压表利用指针螺旋位置来表达压强信息。在电学中，电压是模拟信号最普遍的物理媒介，除此之外，频率、电流和电荷也可以被用来表达模拟信号。

任何的信息都可以用模拟信号来表达。这里的信号常常指物理现象中被测量对变化的响应，例如声音、光、温度、位移、压强等，这些物理量可以使用传感器测量。模拟信号中，不同的时间点位置的信号值可以是连续变化的；而对于数字信号，不同时间点的信号值总是处于预先设定的离散点，因此如果物理量的真实值不能在这些预设值中被找到，那么这时数字信号就与真实值存在一定的偏差。

2.2.7　学习小结

本节案例中使用了 1 个 Arduino 开发板、1 个电阻、1 个 LED 灯、1 个面包板和一个滑动变阻器，通过对应的硬件搭建和程序设计，进行滑动变阻器调节 LED 灯亮度的实验。相信大家通过本节课的学习已经学会了如何使用 Arduino 调节 LED 光的亮度，那么还请发挥自己的想象，利用这个软件去实现其他的想法吧，加油！

2.2.8　课后思考

通过这个模块的学习，请同学们思考一下，利用这些传感器还能做出什么创意案例呢？

2.3　按钮控制的 LED——抢答器

用按钮控制的 LED 灯作为一个简单的电子器件在生活和学习当中的应用是随处可见的，它可以运用在生活中各种指示灯、信号灯及各种背光源上，在本节课程中，我们将通过抢答器的制作和实践来学习如何用按钮控制 LED 灯。

2.3.1　学习目标

在许多竞赛中，经常看到抢答器的运用，他能准确，公正，直观地判断出抢答者的位置。这一节将制作按钮控制的 LED 灯，每按一次按钮，相对应的 LED 灯就换一种灯光模式，实现多种传感器的混合应用。

2.3.2　硬件材料

按钮控制 LED 实验元器件清单如表 2-3 所示。

表 2-3　按钮控制 LED 元器件清单

序　号	名　　称	数　　量
1	Arduino Uno3 开发板	1
2	电阻 R=330 Ω	3
3	LED 灯	3
4	按键	3
5	连接线	13
6	面包版	1

材料解释

按键：一种常用的控制电器元件，常用来接通或断开'控制电路'（其中电流很小），从而达到控制电动机或其他电气设备运行目的的一种开关。按键的工作原理很简单，对于常开触头，在按钮未被按下前，电路是断开的，按下按钮后，常开触头被连通，电路也被接通；对于常闭触头，在按钮未被按下前，触头是闭合的，按下按钮后，触头被断开，电路也被分断。由于控制电路工作的需要，一只按钮还可带有多对同时动作的触头。按钮一般由按键、动作触头、复位弹簧、按钮盒组成。是一种电气主控元件。

连接线：连接线是承载数据与电源交换的重要载体，其防水性能直接影响着产品功能与使用寿命。

2.3.3　硬件搭建

抢答器的电路如图 2-9 所示，图中 R1、R2、R3 是 LED1、LED2、LED3 灯发光时的电阻。S1、S2、S3 是控制 LED 发光的开关按钮。Arduino 开发板与电脑相连接，3 个 LED 灯负极分别与电阻连接后接 GND，正极分别与数字针脚 3、5、6 相连接，3 个按键分别与数字针脚 9、10、11 连接，再与 GND 连接。

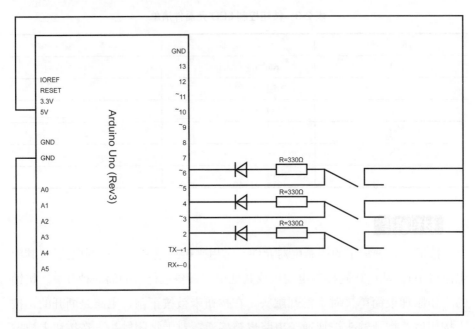

图 2-9　抢答器电路图

抢答器实物连接如图 2-10 所示。

图 2-10　抢答器实物连接

2.3.4　程序设计

使用 ArduBlock 进行设计，抢答器的 ArduBlock 程序如图 2-11 所示，3 个按键分别控制 3 个 LED 的亮灭状态，通过设置相应的板块以实现如下的效果：按下某个按键，则其控制的 LED 灯点亮；再按下这个按键，其控制的 LED 灯熄灭。三个人一起进行实验，每人控制一个按键的状态，即可实现抢答器的效果。

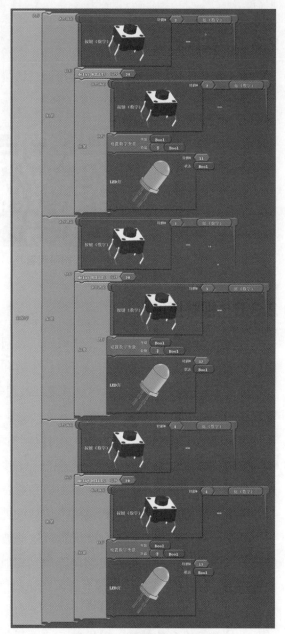

图 2-11　抢答器图形化代码

在软件界面上方点击工具栏里的上载按钮，由此程序将上传至 Arduino 控制器。

2.3.5 实践验证

本小节按钮控制 LED 实验过程可通过链接或二维码进行观看。

链接：https://j.youzan.com/4YFqtB

扫码观看

2.3.6 视野拓展

波段开关：主要用来转换波段或选接不同电路，作用是改变接入振荡电路的线圈的圈数。常按规格，以刀数、位数和绝缘片层数来分类；按结构则分拨动式、旋转式、推键式、琴键式等。波段开关主要用在收音机、收录机、电视机和各种仪器仪表中，一般为多极多位开关。波段开关使用的地方很多，比如电风扇的波段开关有几个挡位，可以调换不同的风速。

波段开关可以用来取代传统电阻式电位计模拟功能的旋转脉冲产生器，这些波段开关通常应用在仪器前端面板和影音控制板的人机界面，波段开关采用正交光学编码器作为取代模拟电位计的纯数字器件，这些波段开关在外观上相似于传统或电阻式电位计，不过这些波段开关的内部构造完全数字化并使用光学技术。和传统增量编码器产品相似有两个正交输出信号（通道 A 和通道 B），可以直接和编码器处理芯片相连接。用途波段开关是以旋转手柄来控制主触点通断的一种开关。波段开关的结构形式也有两种，分别是单极单位结构和多极多位结构。单极单位波段开关在应用中常与转轴式电位器共同使用，而多极多位波段开关多用于工作状态线路的切换。工作原理在一段范围内是变换电阻值，然后有一个触点开关，这是老式电视机和收音机的开关，现在的风扇的话就是有几个挡位，接了风扇绕组的几组引出线，通过改变线圈圈数来改变转速，原理和电位器相似。波段开关的结构有两种：一种是 BBM（BreakBeforeMake）接点型，其特点是在换位时动接点先断开前接点后再接通后接点，其间有一个与前后接点都断开的状态；另一种是 MBB（MakeBeforeBreak）接点型，其特点是在换位时动接点有一个与前后接点都接触的状态，然后再断开前接点，与后接点保持接触状态。在电路设计中应根据电路用途和安全来选择合适的波段开关。

2.3.7　学习小结

本节通过简易抢答器的制作讲解了如何用按钮去控制 LED 灯，使用的元器件有 Arduino 开发板、电阻、LED 灯、按键、连接线等，LED 灯的控制运用的学习，对掌握 Arduino 软件和硬件的结合是非常重要的。

2.3.8　课后思考

（1）用按钮控制 LED 灯，还能够应用在生活中那些方面了，有何特点？

（2）使用 Arduino 控制 LED 时可能会出现什么问题？思考出现这些问题的原因。

第3章 旋转小风扇

风扇是我们生活中常见的家用电器，如图 3-1 所示，风扇通过直流电机带动扇叶进行转动。我们也可以利用 Arduino 来控制风扇，在炎热的夏天，只需动动手指，就能够打开电风扇，掌控风速，这就是我们利用 Arduino 开发智能风扇的最初想法。本章通过设计与制作几款不同功能的小风扇，来了解新的元器件和 Arduino 相关知识。

图 3-1　电风扇

3.1　调速风扇

日常生活中，我们知道风扇的转速是可以变化的，例如可以用按钮换挡的风扇，那么风扇的转速能否根据我们自己的需要来改变呢？事实上，这是很容易实现的。在本小节中我们将制作一个案例调速风扇，会学习到电位器、电机的使用方法及其原理。

3.1.1 学习目标

本节实验通过设计制作调速小风扇来研究电位器元器件与电机运行的原理。用 Arduino 开发板调节电位器从而控制风扇的转速。

3.1.2 硬件材料

调速风扇实验所需元器件清单如表 3-1 所示，Arduino 开发板承载程序，通过电位器的调节电机的转速，从而实现风扇以不同速度的转动。

表 3-1 调速风扇元器件清单

序 号	名 称	数 量
1	Arduino Uno3 开发板	1
2	导线	若干
3	面包板	1
4	扇叶	1
5	滑动变阻器	1
6	芯片 ULN2003	1

芯片 ULN2003：ULN2003 芯片是高压大电流达林顿晶体管阵列系列产品，它有电流增益高、电压高、带负载能力强、温度范围广等特点，适合要求高速大功率驱动的系统。ULN2003 一般可承受最大值约为 500mA/50V，主要应用在单片机、PLC、智能仪表等控制电路中，可以直接驱动继电器等负载，换句话说我们可以利用 ULN2003 来驱动控制不能直接控制的负载。在本节调速风扇实验中主要利用芯片 ULN2003AN 来驱动电机转动，是本次调速风扇实验不可缺少的部分。

3.1.3 硬件搭建

调速风扇的工作电路如图 3-2 所示。

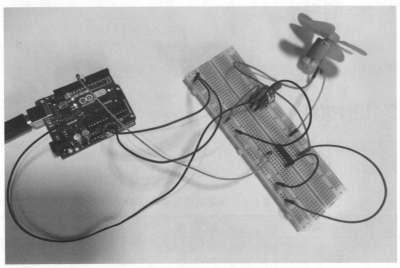

图 3-2　调速风扇电路

3.1.4　程序设计

调速风扇的 Arduino 程序代码如下所示，在 Arduino 操作界面上方点击工具栏里的上载按钮，将此程序将上传至 Arduino 开发板。舵机设置针脚 9，电位器针脚为 A0。

```
const int P=A0;//电位器输入引脚
const int U=9;
    int sensorValue=0;//电位器电压值
    nt outputValue=0;

    void setup ( ) {
    Serial.begin ( 9600 );
}
void loop ( ) {
sensorValue=analogRead ( P );
    outputValue=map ( sensorValue, 0, 1023, 0, 255 );
    analogWrite ( U, outputValue );
        Serial.print ( "sensor= " );
        Serial.print ( sensorValue );
        Serial.print ( "\t output= " );
        Serial.println ( outputValue );
}
```

3.1.5　实践验证

本节调速风扇实践过程可通过链接或二维码进行观看。

链接：https://j.youzan.com/AW1qtB

扫码观看

3.1.6　视野拓展

直流电机应用广泛，由直线电机可驱动磁悬浮列车、地铁等交通设备，具有高速、舒适、安全以及无污染的优点。另一方面，在分拣输送线、升降机等工业生产中，也可使用直流电机，其速度快精度高。在生活家电中，例如空调、冰箱等都可用上直流电机。直流电机可以摆脱有线的束缚，还可以实现直流电能和机械能互相转换，具有良好的启动特性和调速特性。

3.1.7　学习小结

本节我们设计制作了调速风扇，通过转动电位器来实现风扇速度的调整，并且我们了解了电位器以及 Arduino 的工作原理以及其在变速风扇上的应用，请同学们通过案例来巩固相关的知识。

3.1.8　课后思考

如果想要实现远距离控制调速风扇，我们该怎么来设计并实现呢？

3.2　摇头风扇

电风扇左右转动的构造主要是在风扇的头部，齿轮箱是其内部重要的组成部分。当电机转动，齿轮跟随转动，从而带动连杆动作，连杆带动风扇整体头部转动。

3.2.1　学习目标

电机在生活中应用广泛，在上节我们经过实验已经大致了解了其基本原理与使用方法，本次实验我们通过自制感应摇头小风扇来研究超声波模块、电机的组合应用。通过 Arduino 开发板带动舵机运作，舵机通过转动实现其摇头功能，通过超声波模块判读距离信息，从而实现通过判读距离条件控制电机是否摇头来达到风扇摇头的功能。同学们可以通过设计制作示范案例来完成本次学习。具体学习目标如下：

（1）了解超声波模块，学习超声波模块的连线，进行相应编程。

（2）实现距离大于 40 厘米电机不转，距离小于 40 厘米电机转动但不摇头，距离小于 20 厘米电机转动并且摇头。

3.2.2　硬件材料

摇头风扇实验所需元器件清单如表 3-2 所示，舵机是带动风扇转动的主要元器件，如图 3-3 所示。其主要由塑料外壳、电路板以及马达等元件构成。

图 3-3　舵机 SG90

表 3-2　摇头风扇元器件清单

序　号	名　　称	数　量
1	Arduino Uno3 开发板	1
2	舵机 SG90	1
3	导线	若干
4	面包板	1
5	扇叶	1
6	超声波 HC-SR04	1

超声波传感器是一种检测距离的装置，如图 3-4 所示。其实只要一提到超声波，我们就会联想到蝙蝠，是的，它的工作原理就是模仿蝙蝠。先发出一个声音，然后在接收返回的声音，通过计算发出和接收的时间计算出距离。

图 3-4　超声波传感器

超声波传感器的发射器向前方发射出超声波，在发射之后，超声波在空气中传播，途中碰到障碍物就立即返回来，超声波接收器收到反射波就可以计算出距离。超声波传感器在我们的摇头风扇上的应用就是测量到前方障碍物的信息，并能将检测到的距离信息，按一定规律输出至 Arduino 开发板上，从而实现风扇摇头的功能。

3.2.3　硬件搭建

摇头风扇的工作电路图如图 3-5 所示，图中 M 为电机，通过导线和面包板来实现电路的连接，图 3-6 为真实电路组装效果图。

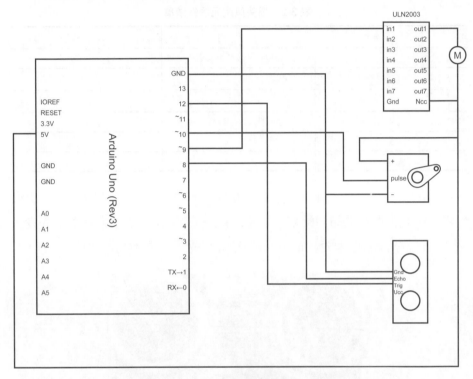

图 3-5　头风扇电路图

图 3-6　摇头风扇实物组装

Arduino 开发板一头通过导线连接电机，另外一端接 5V；舵机针脚为 10，接 5v 电源；传感器针脚为 8 和 12，接 5V 电源。

3.2.4　程序设计

摇头风扇的 ArduBlock 程序如图 3-7 所示。舵机设置针脚 10 设置，变量的值用于控制舵机的转动程度和频率。传感器设置针脚 12，来实现距离大于 40cm 电机不转，距离小于 40cm 电机转动但不摇头，距离小于 20cm 电机转动且摇头。

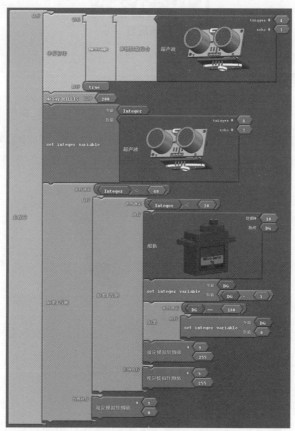

图 3-7　摇头风扇 ArduBlock 程序

在软件界面上方点击工具栏里的上载按钮，将程序上传至 Arduino 控制器。

3.2.5　实践验证

本小节摇头风扇实践过程可通过链接或二维码进行观看。

视频链接：https://j.youzan.com/0OqqtB

扫码观看

3.2.6　视野拓展

通过设计并制作摇头风扇，我们了解到了舵机以及超声波传感器的基本使用方法。我们最常见的超声波传感器就是由压电晶片构成的，如图 3-8 所示，它既可以用来发射超声波，也可以用于接收超声波。

图 3-8　超声波模块构成

目前超声波模块被广泛应用在国防科技、工农业生产、医疗科学等方领域。日产汽车曾研发防止将汽车刹车误当作油门使用的功能，如图 3-9 所示。当停车场上停车的时候，如果驾驶员踩成了油门就会强制刹车。该功能同时使用摄像头和超声波传感器。在车辆前后左右共配备 4 个摄像头和 8 个超声波传感器。通过 4 个摄像头以显示车辆周围影像，并识别出周边白线等以推断汽车的停车场环境，最后利用超声波模块来判断车辆与周围环境之间的距离，来确保刹车时机，避免造成不必要的损失和人员伤亡。

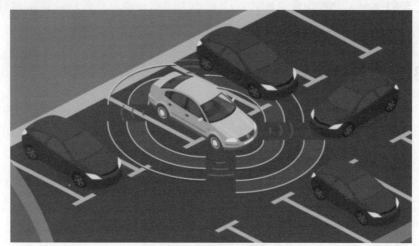

图 3-9　汽车超声波传感器

当然，不要忘了医学领域才是超声波的主舞台，用超声波来检测疾病已经成为不可缺少的诊断方式。超声波诊断对受检者不会造成任何痛苦、任何损害，并且操作方便。

3.2.7　学习小结

传统的摇头风扇的原理就是在风扇的头部设置一个齿轮箱，电机转动时，带动齿轮旋转进而控制连杆动作，连杆一端固定不动，这样转起来就摆头了。本次实验是用芯片带动电机运作，舵机控制其摇头功能，传感器通过超声波接收距离信号。

3.2.8　课后思考

除了使用超声波和舵机控制电风扇摇头，请同学们思考一下，还有哪些方法可以使电风扇摇头？并且在此过程中我们如何使得风扇启动和关闭呢？

3.3 智能风扇

在日常生活中，我们经常看到报警器的身影，报警器可随着灯光的强弱变化我们也可以发挥想象，制作一个智能电风扇，电风扇的转动可随着环境温度的变化而变化，这需要利用到光敏电阻与热敏电阻。

3.3.1 学习目标

本节实验将通过光敏电阻和热敏电阻随环境阻值的变化控制电路中的喇叭和风扇，灯光变亮报警器报警，温度升高，电风扇转动。具体学习目标如下：

（1）了解光敏电阻模块，学习光敏电阻连线，进行光敏电阻编程。

（2）学会光敏电阻的实际演示，改变对光敏电阻的遮光程度或照明程度，实现 LED 灯的亮暗显示。

（3）实现光照强度大于 300，喇叭报警；光照强度小于 300，喇叭禁音；温度大于 40，风扇转动；温度小于 40，风扇停动的要求。

3.3.2 硬件材料

智能风扇元器件清单如表 3-3 所示，本节实验将 Arduino 与喇叭元件、光敏电阻、热敏电阻、芯片、LED 灯和电机等连接，当光敏电阻感应到光源增强时，喇叭发出声音的响度与频率随之增大，当热敏电阻感应到环境温度升高时，电机随之启动。

表 3-3 智能风扇元器件清

序　号	名　称	数　量
1	Arduino Uno3 开发板	1
2	电机	1
3	光敏电阻	1
4	热敏电阻	1
5	电阻 R=330Ω	2
6	喇叭	1

序　号	名　称	数　量
7	芯片 ULN2003	1
8	LED 灯	1

光敏电阻由硫化镉和硫化铝制作而成，当然还少不了硒、硫化铅和硫化铋。这些材料具有在特定波长的光照射下，其阻值会迅速减少特点。

热敏电阻器属于敏感元件，按照温度系数可以分为两个类型：一种是正温度系数热敏电阻器（PTC），另一种是负温度系数热敏电阻器（NTC）。热敏电阻器对温度极其敏感，因此在不同的温度下它会有不同的电阻值。正温度系数热敏电阻器（PTC）电阻和温度成正比，在温度越高时电阻值越大；负温度系数热敏电阻器（NTC）则成反比，在温度越高时电阻值越低。

3.3.3　硬件搭建

"光敏热敏"智能风扇电路图如图 3-10 所示，图中接了一个热敏电阻和一个芯片、一个光敏电阻和喇叭。热敏电阻感温，进而调节电风扇的运转，芯片控制电风扇的转动；光敏电阻感光，通过亮度大小调节喇叭的声响。

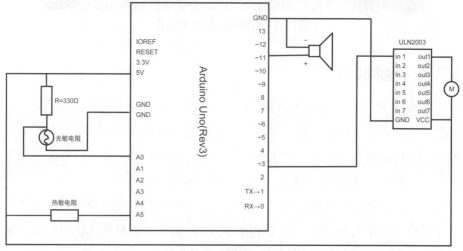

图 3-10　智能风扇电路图

热敏电阻通过引脚 A5 输入信号，ULN2003 芯片左端 GND 接地，输入端口 in1 接数字针脚 D3，ULN2003 芯片右端 out1 接电机，VCC 和电机另一个针脚接 5V，改变热敏电阻的温度使风扇转动。光敏电路工作原理，光敏电阻通过引脚 A0 输入信号，喇叭通过引脚 D11 接收信号，改变光敏电阻的亮度使喇叭响起。"光敏热敏"智能风扇实物连接图如图 3-11 所示。

图 3-11　智能风扇实物连接图

3.3.4　程序设计

"光敏热敏"智能风扇 ArduBlock 程序如图 3-12 所示，通过拖动相应的板块按钮以实现如下效果，随光敏电阻感应到光源增强，喇叭产生的声音越大越高，随热敏电阻感应到环境温度升高，电机开始工作。在软件界面上方点击工具栏里的上载按钮，将程序上传至 Arduino 控制器。

串口打印模块可以用于查看光敏电阻和热敏电阻的实时数值，采用多个条件程序，设置执行条件，通过光敏电阻和热敏电阻自身属性，来实现光照强度大于 400，喇叭报警，热度大于 28，风扇转动。

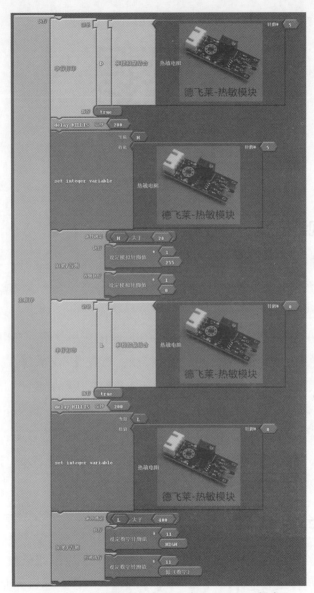

图 3-12　"光敏热敏"智能风扇 ArduBlock 程序

3.3.5　实践验证

本小节智能风扇实践过程可通过链接或二维码进行观看。

视频链接：https://j.youzan.com/04kVtB

扫码观看

3.3.6 视野拓展

光敏传感器可应用于太阳能草坪灯、光控小夜灯、照相机、监控器、光控玩具、声光控开关、摄像头、防盗钱包、光控音乐盒、生日音乐蜡烛、音乐杯、人体感应灯、人体感应开关等。光敏传感器的应用主要是光敏电阻的应用，因此在自动控制、家用电器中存在广泛的应用。例如在电视机中自动调节亮度、在路灯和航标中作自动电路控制、防盗报警装置等。

热敏电阻在我们生活中非常常见，例如我们每天都要使用到的智能手机、笔记本电脑等。它在其中有着保护元器件不被损坏的作用。如果充电电阻很大，会存在过热的危险。电池的损坏是小事情，内部文件不能恢复、甚至造成人员财产损失，那更得不可失。在电子设备中使用热敏电阻，就可以检测设备内部是否过热，从而调整充电的速度。

3.3.7 学习小结

本节实验将通过将 Arduino 开发板、面包板、超声波模块、光敏电阻、热敏电阻等连接组装电路，用 Arduino 编程输入程序，通过光照强度和热度控制喇叭的声响和风扇的转动。

3.3.8 课后思考

请同学们思考一下，在制作智能风扇时还可以使用哪些元件呢？

第4章　智慧小车

相信大家都在网上看到过类似图 4-1 这样的餐厅服务机器人，或者仓库搬运机器人，但是你们有没有注意到图片中地上的那条黑线？没错，他们都是沿着这条黑线来行进的。

图 4-1　循迹机器人

倒车雷达已经在我们日常生活中随处可见，但是你们知道它是如何运作的吗？倒车雷达它的原理就是根据蝙蝠在黑夜里面高速飞行而不会撞到墙壁而设计的，它是汽车在泊车或者倒车时所用到的安全辅助装置，由超声波传感器（俗称探头）、控制器和显示器（或蜂鸣器）等部分组成。

在这一章将讲解怎么用小车实现类似的循迹以及倒车雷达的功能，本章中的案例主要用到超声波模块，这个模块非常稳定，并且使用起来非常方便。

超声波测距器可以应用于汽车倒车、建筑施工工地以及一些工业现场的位置监控，也可用于液位、井深、管道长度的测量，用于机器人控制、小车躲避障碍等场合中。利用超声波检测往往比较迅速、方便、计算简单、易于做到实时控制，并且在测量精度方面能达到工业实用的要求，因此在移动机器人的研制上也得到了广泛的应用。

4.1 倒车雷达

倒车雷达可增加汽车驾驶的安全性，减少交通意外的发生，保证人身财产安全，是汽车驻车或者倒车时的安全辅助装置。它能通过声音或者更加直观的方式告知驾驶员周围障碍物的情况，帮助驾驶员扫除驾驶死角。

4.1.1 学习目标

本实验将制作简化版传感器以及喇叭模拟倒车雷达，根据感应距离的远近，喇叭发出的声响频率由小到大，物体离传感器的距离越近，喇叭发声频率越高，学习目标如下：

（1）了解超声波模块和喇叭元器件的使用原理，学习其连线方式，进行相应编程。

（2）学会利用超声波模块测量距离，到达一定距离发出警报。

4.1.2 硬件材料

倒车雷达实验所需元器件清单如表4-1所示，Arduino开发板承载程序，通过超声波模块来判断距离，如果距离小于危险值，喇叭则会发出声音起到警示作用。超声波传感器的发射器向前方发射出超声波，超声波在空气中传播，碰到障碍物就立即返回来，超声波接收器收到反射波就立即停止运作。

表 4-1 倒车雷达元器件清单

序　号	名　称	数　量
1	Arduino Uno3 开发板	1
2	喇叭	1
3	电阻 R=330Ω	3
4	导线	若干
5	面包板	1
6	超声波模块	1

4.1.3　硬件搭建

倒车雷达电路图如图 4-2 所示。

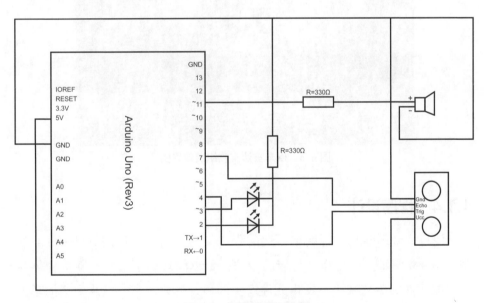

图 4-2　倒车雷达电路图

电路工作原理：超声波传感器的针脚为 4、7，喇叭正极接 11，负极接地，超声波传感器通过超声波感应与障碍物的距离，进而通过程序调节喇叭的发声频率，障碍物离感应器越近，喇叭叫声越急促。根据倒车雷达电路图进行实物组装，组装效果图如图 4-3 所示。

图 4-3　倒车雷达实物组装效果图

4.1.4　程序设计

　　使用 ArduBlock 进行倒车雷达的程序编写，倒车雷达的 ArduBlock 程序如图 4-4 所示。通过拖动相应的板块按钮以实现如下效果，随着物体与超声波元件的距离减小，发声元件产生的声音越大越高，以达到"倒车雷达"的效果。在软件界面上方点击工具栏里的上载按钮，由程序将上传至Arduino 控制器。工作原理为：发声元件与超声波元件分别通过引脚 D11，D7，D4 输入，随着物体与超声波元件距离的接近，发声元件发出的声音变响变高。

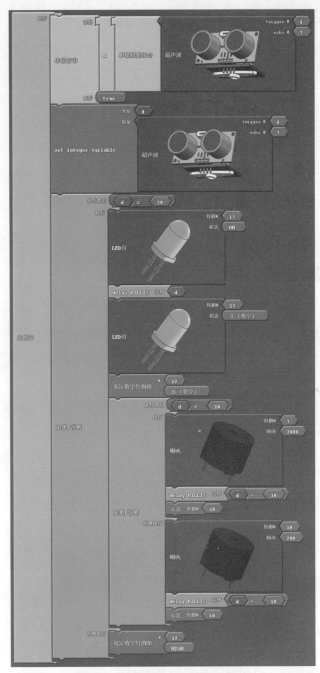

图 4-4 倒车雷达 ArduBlock 程序

4.1.5 实践验证

本小节倒车雷达实验演示过程可通过链接或二维码进行观看。

链接：https://j.youzan.com/s7BVtB

扫码观看

4.1.6 视野扩展

人们为了从外界获取信息，必须借助于感觉器官，而单靠人们自身的感觉器官，在研究自然现象和规律，以及在生产活动中使用，其功能就远远不够，为适应这种情况，就需要传感器，因此可以说，传感器是人类五官的延长，又称之为"电五官"。

世界已开始进入信息时代，在利用信息的过程中，首先要解决的就是要获取准确可靠的信息，而传感器是获取自然和生产领域中信息的主要途径与手段。在现代工业生产尤其是自动化生产过程中，要用各种传感器来监视和控制生产过程中的各个参数，使设备工作在正常状态或最佳状态，并使产品达到最好的质量，因此可以说，没有众多的优良的传感器，现代化生产也就失去了基础。

在基础学科研究中，传感器更具有突出的地位，现代科学技术的发展，进入了许多新领域。例如在宏观上要观察上千光年的茫茫宇宙，微观上要观察小到 fm 的粒子世界，纵向上要观察长达数十万年的天体演化，短到瞬间反应。此外，还出现了对深化物质认识、开拓新能源、新材料等具有重要作用的各种极端技术研究，如超高温、超低温、超高压、超高真空、超强磁场、超弱磁场等。显然，要获取大量人类感官无法直接获取的信息，没有相适应的传感器是不可能的。许多基础科学研究的障碍，首先就在于信息的获取存在困难，而一些新机理和高灵敏度的检测传感器的出现，往往会导致该领域内的突破，一些传感器的发展，往往是一些边缘学科开发的先驱。传感器早已渗透到诸如工业生产、宇宙开发、海洋探测、环境保护、资源调查、医学诊断、生物工程、甚至文物保护等极其广泛的领域。可以毫不夸张地说，从茫茫的太空，到浩瀚的海洋，以至各种复杂的工程系统，几乎每一个现代化项目，都离不开各种各样的传感器。

由此可见，传感器技术在发展经济、推动社会进步方面的重要作用，是十分明显的。世界各国都十分重视这一领域的发展。相信不久的将来，传感器技术将会出现一个飞跃，达到与其重要地位相称的新水平。

4.1.7　学习小结

本小节我们完成倒车雷达的制作实验，在这个过程中，我们了解了它的结构组成以及运行原理，理清了软件硬件的实现思路。从整体来看，倒车雷达包括喇叭、超声波传感器等硬件电路和软件编程两部分，其运行原理是利用超声波传感器检测障碍物的距离，并将位置信号反馈给 Arduino 主程序分析，达到通过声音给人提醒的效果。请同学们通过案例来巩固相关的操作流程。

4.1.8　课后思考

同学们在实现倒车雷达的基础上，可以思考除了倒车，在小车上我们还能进行怎样的设计，需要对程序进行怎样的改变？

4.2　循迹小车

无人驾驶汽车是智能汽车的一种，也称为轮式移动机器人，主要依靠车内的以计算机系统为主的智能驾驶仪来实现无人驾驶的目的。无人驾驶汽车是通过车载传感系统感知道路环境，自动规划行车路线并控制车辆到达预定目标的智能汽车，它是利用车载传感器来感知车辆周围环境，并根据感知所获得的道路、车辆位置和障碍物信息，控制车辆的转向和速度，从而使车辆能够安全、可靠地在道路上行驶。

集自动控制、体系结构、人工智能、视觉计算等众多技术于一体，是计算机科学、模式识别和智能控制技术高度发展的产物，也是衡量一个国家科研实力和工业水平的一个重要标志，在国防和国民经济领域具有广阔的应用前景，而循迹小车无论在技术方面还是实现形式都和无人驾驶汽车有着异曲同工之妙。因此让我们开始循迹小车的制作吧。

4.2.1 学习目标

学会运用传感器完成小车的循迹功能，红外线收发二极管作为传感器，最终达到智能小车可按照路面轨迹运动，使用超声波模块测距判断道路前方状况最终来达到避障功能。

4.2.2 硬件材料

制作循迹小车所需元器件清单如表 4-2 所示。

表 4-2 循迹小车元器件清单

序　号	名　　称	数　量
1	Arduino Uno3 开发板	1
2	电源模块	1
3	面包板	1
4	电机	1
5	超声波 HC-SR04	1

4.2.3 硬件搭建

循迹小车如图 4-5 和图 4-6 所示。其避障方式为沿着黑色绝缘胶带行驶，遇到障碍自动避开，尾部风扇助推。

图 4-5　硬件连接图

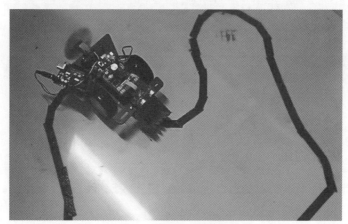

图 4-6　小车运行轨迹图

4.2.4　程序设计

　　循迹小车使用了双电池供电驱动，通过程序我们实现了智能避障，并且增加了风扇加速前进。在地形布置上，尝试了高低坡与缓陡坡实验，实现了快速转向、即时转弯、缓步爬坡等功能，初步满足开始的设计预想。以下为程序代码：

```
#include<math. h>
#include<Wire. h>
#include<Servo. h>
#define ADDR_ _1 0x20
    const int DIR1_ _RIGHT = 12;
    const int DIR2_ RIGHT = 11;
    const int DIR1_ LEFT = 8;
    const int DIR2_ LEFT = 9;
    const int PTM_ LEFT = 6:
    const int P7M_ _RIGHT = 5;
Servo myservo;
    int ServoPin = 10;
    int pos = 0;
    int MotorAdjustmengPin = A1;
#define MOTORADJUSTMEIT
    void runLinePollow ( ) {
        int robotSpeed =45;
        int KP=30;
        int KI=0;
        int KD=11;
static int error, last_ error;
    error = sensor ( ) ;
    if ( error<100 ) {
error = constr ain ( error, - 100, 100 ) ;
```

4.2.5　实践验证

本小节循迹小车实验演示过程可通过链接或二维码进行观看。

链接：https://j.youzan.com/hnzVtB

扫码观看

4.2.6　视野拓展

以上是基于 Arduino 控制器和循迹模块设计的循迹小车，通过相应的硬件搭建、程序编写来实现循迹、行走功能。随着我国人工智能技术的进一步发展，自动驾驶汽车吸引了越来越多的目光，随着计算机技术、自动化科学技术等的发展，智能汽车在交通等领域的应用越来越广泛，不仅在一定程度上缓解了城市交通堵塞的压力，也为物流、商业等行业的发展带来了新的方向。

说起自动驾驶技术，很多人都觉得它离我们还有一段距离，然而这项技术离我们的生活真的不遥远了。自动驾驶汽车对社会、驾驶员和行人均有益处，它可使交通事故发生率几乎可以下降至零，即使受其他汽车交通事故发生率的干扰，但也会使整体交通事故发生率稳步下降。自动驾驶汽车的行驶模式可以更加节能高效，因此交通拥堵及对空气的污染将都得以减弱。

科技的魅力在于用我们的想象力来驱动一堆硬件，从中得到快乐与价值！我们通过自己的努力实现了循迹小车的功能，未来可以基于 Arduino 技术和相关方法，拓宽自己的思路跳出循迹小车，开发更多相关产品，使人们的生活生产更加便利。

4.2.7　学习小结

本小节我们完成了循迹小车的制作。在此过程中，我们了解了它的结构组成以及运行原理，理清了软硬件实现思路。宏观上看整个循迹小车主要包括车体、硬件电路和软件编程三部分。它的整个运行原理就是前端的循迹传感器检测黑线的存在，并将它的位置信号反馈给 Arduino，主控程序对小车位置进行分析，从而控制两个电机的运行和速度（差速运行），达到直行、左转、右转、倒车等操作效果。

4.2.8　课后思考

同学们在实现循迹小车直线行驶的基础上，可以思考如何实现图 4-7 中"8"字行驶路线。思考需要改变程序么？如果需要，怎么改变。

8

图 4-7 "8"字形

4.3 避障车

随着汽车工业的迅速发展，关于汽车的研究也就越来越受人关注。全国电子大赛和省内电子大赛几乎每次都有智能小车这方面的题目，全国各高校也都很重视该题目的研究。可见其研究意义很大。在我国科技强国战略下，企业生产技术不断提高，对自动化技术要求也不断加深的环境下，智能车辆以及在智能车辆基础上开发出来的产品已成为自动化物流运输、柔性生产组织等系统的关键设备。世界上许多国家都在积极进行智能车辆的研究和开发设计。自第一台工业机器人诞生以来，机器人的发展已经遍及机械、电子、冶金、交通、宇航、国防等领域。近年来机器人的智能水平不断提高，并且迅速地改变着人们的生活方式。人们在不断探讨、改造、认识自然的过程中，制造能替代人劳动的机器一直是人类的梦想。

4.3.1 学习目标

现智能小车发展很快，从智能玩具到其他各行业都有实质成果。其基本可实现循迹、避障、检测贴片、寻光入库等基本功能，这几届的电子设计大赛智能小车又在向声控系统发展。比较出名的"飞思卡尔"智能小车更是走在前列。我们此次的设计主要实现避障这个功能。

4.3.2 硬件材料

制作避障车所需元器件清单如表 4-3 所示。

表 4-3　避障小车元器件清单

序　号	名　　称	数　量
1	Arduino Uno3 开发板	1
2	电源模块	1
3	面包板	1
4	超声波 HC-SR04	1

4.3.3　硬件搭建

　　避障小车如图 4-8 所示，控制器部分及时处理传感器的信息并将处理结果送到执行部分执行；电源部分不仅要实现给控制器提供稳定电压的功能还要为传感器以及驱动部分提供足够的电能，确保整个系统能正常稳定地工作；避障部分即小车在遇到障碍物时能自动避开障碍物而选择一条畅通的路径继续行进；无线控制部分实现的是小车在无线控制模式下，接收无线控制指令信号，传输给控制器，进而实现无线控制；执行部分主要是执行微控制器的处理结果，以实现小车的转向功能。

图 4-8　避障小车

4.3.4　程序设计

　　避障功能是通过红外线收发探测前方是否有障碍物，然后用超声波模块测距判断路前方状况最终来达到避障功能。在软件界面上方点击工具栏里的上载按钮，将程序上传至 Arduino 控制器。以下为程序代码：

```
#include <Servo. h>
#include <Arduino.h> // 小车（循迹 ，蓝牙控制，红外线控制，寻光，超声波，避障，超声避障）
#include" InfraredRemote . h "
#define Motorleft1 14 //A0 IN1
#define MotorLeft2 15 //A1 IN2
#define MotorRight1 16 //A2 IN3
#define MotorRight2 17 //A3 IN4
#define SensorLeft2 // 左传感器输入脚轨迹
#define Sensor zhong4 // 中间1传感器输入脚轨迹
#define SensorRight6 // 右传感器输入脚轨迹
#define SensorLeft_ _b12 // 左传感器输入脚避障
#define SensorRight_ b13 // 右传感器输入脚避障
int sL=0, sI_ b=1; // 左传感器状态
int SR=0,
SR_ b=1; // 右传感器状态
int sz=0; // 中 间感测器状态
Servo myservo;
int delay_ _time = 250; // 伺服马达转向后的稳定时间
//各个电机不同需要自己测试
#define SuDu 163
//速度
#define MotorLPWM_ val
SuDu-35
//左边电机速度
#define MotorRPWM val
SuDu-35
//右边电机数据
//#define MotorLPWM_ val SuDu-100
//左边电机速度
//#define MotorRPWM_ val SuDu-71
//右边电机数据
//#define MotorLPWM val SuDu-95
//左边电机速度
//#define MotorRPWM_ val SuDu-68
//右边电机数据
```

4.3.5　实践验证

本小节避障车实验演示过程可通过链接或二维码进行观看。

链接：https://j.youzan.com/qI5VtB

扫码观看

4.3.6　视野拓展

智能小车可以按照预先设定的模式在一个环境里自动的运行，不需要人为的管理，可应用于科学勘探等用途。智能小车能够实时显示时间、速度、里程，具有自动寻迹、寻光、避障功能，可程控行驶速度、准确定位停车、远程传输图像。

智能小车可以分为三部分：传感器部分、控制器部分、执行器部分。

控制器部分：接收传感器部分传递过来的信号，并根据事前写入的决策系统（软件程序），来决定智能小车对外部信号的反应，将控制信号发给执行器部分。

执行器部分：驱动智能小车做出各种行为，包括发出各种信号（点亮发光二极管、发出声音）的部分，并且可以根据控制器部分的信号调整自己的状态。对智能小车来说，最基本的就是轮子。这部分就好比人的四肢一样。

传感器部分：智能小车用来读取各种外部信号的传感器，以及控制智能小车行动的各种开关。好比人的眼睛、耳朵等感觉器官。

AGV（Automated Guided Vehicles）又名无人搬运车，自动导航车、激光导航车，其显著特点的是无人驾驶。AGV 上装备有自动导向系统，可以保障系统在不需要人工引航的情况下就能够沿预定的路线自动行驶，将货物自动从起始点运送到目的地。AGV 的另一个特点是柔性好，自动化程度和智能化水平高。AGV 的行驶路径可以根据仓储货位要求、生产工艺流程等改变而灵活改变，并且运行路径改变的费用与传统的输送带和刚性的传送线相比非常低廉。AGV 一般配备有装卸机构，可以与其他物流设备自动接口，实现货物和物料装卸与搬运全过程自动化。此外，AGV 还具有清洁生产的特点，AGV 依靠自带的蓄电池提供动力，运行过程中无噪声、无污染，可以应用在许多要求工作环境清洁的场所。

4.3.7 学习小结

同学们在这款循迹避障车肯定会遇到许多意料之外的问题，但相信同学们肯定会机智地解决。在外形上，这款小车简约实用，使用热熔胶枪对各个受力点部分进行加固。在车头处增添破障器来保证机器在执行任务中的完成度，并增添赛博朋克的暴力美学，集科学与艺术为一体。

4.3.8 课后思考

（1）Arduino 还可以和生活中那些产品结合运用？思考如何通过 Arduino 来设计其他交通工具。

（2）使用 Arduino 控制超声波主板、面包板等元件遇到了什么问题？分析出现这些问题的原因并提出解决方案。

第5章　综合案例

通过前四章的学习，大家已经掌握了 Arduino 的基础知识，那么接下来，我们来深入了解一些基于 Arduino 的综合复杂案例，以此来锻炼我们的动手能力，活跃我们的思维，让我们对 Arduino 更加了解，巩固前四章所学知识，培养学习与创造能力。

5.1 智能锁

5.1.1　创作灵感

刷卡门锁可以避免忘记带钥匙不能进门等现象，使开门更加便捷，而且提高了门锁的安全性能。

5.1.2　设计理念

告别传统开门方式，方便快捷，不用费力扭动，不用担心忘带钥匙而露宿街头。

5.1.3　硬件材料

智能锁所需元器件清单如表 5-1 所示。

表 5-1　智能锁元器件清单

序　号	名　称	数　量
1	Arduino Uno3 开发板	2
2	电源模块	1
3	舵机 SG90	1
4	LCD1602 液晶显示屏	1
5	面包板	1
6	RC522 IC 卡识别模块	1
7	滑动变阻器	1
8	LED 灯	1

材料解释

电源模块：电源模块是可以直接贴装在印刷电路板上的电源供应器，其特点是可为专用集成电路（ASIC）、数字信号处理器（DSP）、微处理器、存储器、现场可编程门阵列（FPGA）及其他数字或模拟负载供电。一般来说，这类模块称为负载点（POL），电源供应系统可使用点电源供应系统（PUPS）。由于模块式结构的优点甚多，因此模块电源广泛用于交换设备、接入设备、移动通信、微波通讯以及光传输、路由器等通信领域和汽车、航空航天等。

舵机：舵机是指在自动驾驶仪中操纵飞机舵面（操纵面）转动的一种执行部件。分为电动舵机和液压航机：电动舵机由电动机、传动部件和离合器组成，接受自动驾驶仪的指令信号而工作。液压舵机由液压作动器和旁通活门组成，当人工控制时，旁通活门打开，由于作动器活塞两边的液压互相连通而不妨碍人工操纵。此外，还有电动液压舵机，简称"电液舵机"。舵机的选型主要考虑扭矩大小，如何审慎地选择经济且合乎需求的舵机，也是一门不可轻忽的学问。

LCD1602 液晶显示屏：LCD1602 液晶显示器是一种字符型液晶显示模块。它由字符型液晶显示屏（LCD）、控制驱动主电路 HD44780 及其扩展驱动电路 HD44100，以及少量电阻、电容元件和结构件等装配在 PCB 板上而组成。不同厂家生产的 LCD1602 芯片可能有所不同，但使用方法都是一样的，为了降低成本，绝大多数制造商都直接将裸片装到板子上。

RC522 IC 卡识别模块：MF RC522 是高度集成的非接触式（13.56MHz）读写卡芯片，它利用调制和解调的原理，集成了各种非接触式通信方式和协议，支持 ISO14443A/MIFARE。

LED 灯：LED 灯是一块通电发光的半导体材料芯片，用银胶或白胶固化到支架上，然后用银线或金线连接芯片和电路板，四周用环氧树脂密封，起到保护内部芯线的作用，最后安装外壳，所以 LED 灯的抗震性能好。

5.1.4 程序设计

识别卡

```
#include <SPI.h>
#include <MFRC522.h>
#define RST_PIN   9
#define SS_PIN   10
MFRC522 mfrc522 (SS_PIN, RST_PIN);

void setup ()
{
    Serial.begin (9600);
        while (! Serial);
        SPI.begin ();
        mfrc522.PCD_Init ();
        mfrc522.PCD_DumpVersionToSerial ();
    Serial.println (F "Scan PICC to see UID, SAK, type,
        anddata blocks... "));
}
void loop ()
{
    if (! mfrc522.PICC_IsNewCardPresent ())
{
return;
}
    if (! mfrc522.PICC_ReadCardSerial ())
{
return;
}
    mfrc522.PICC_DumpToSerial (& (mfrc522.uid));
}
```

读取卡

```
#include <SPI.h>
#include <MFRC522.h>
#include <Servo.h>
Servo myservo;
#define sS_PIN 10
#define RST_PIN 9
MFRC522 mfrc522 (SS_PIN, RST_PIN);

void setup
{
    Serial.begin (9600);
    SPI.begin ();
    mfrc522.PCD_Init ();
    Serial.println ("Approximate your card to the reader…");
    Serial.println ();
}

void loop ()
{
    if (! mfrc522.PICC_lsNewCardPresent ())
{
return;
}
    if (! mfrc522.PICC_ReadCardSerial ())
{
return;
}
Serial.print ("UID tag: ");
string content= "";
byte letter;
for (byte i = 0; i < mfrc522.uid.size; i++)
{
    Serial.print (mfrc522.uid.uidByte < 0x10? "o "": """);
    Serial.print (mfrc522.uid.uidByte[i]. HEX);
    content. concat (String (mfrc522.uid.uidByte < 0x10? "o ": ""));
    content. concat (String (mfrc522.uid.uidByte[i]. HEX));}
    Serial.println ();
    Serial.print ("Message: ");
    contenttoUpperCase ();
}
if (content. Substring (1) == "54 9A7A 6E "||content. Substring (1)
    == "A4 DC 74 6E "")
{
    Serial.println ("Authorized access ");
```

```
    Serial.println ( ) ;
    delay ( 3000 ) ;
}
else
{
    Serial.println ( " Access denied " ) ;
    delay ( 3000 ) ;
}
}
```

舵机 +LED 灯

```
#include <SPI.h>
#include <MFRC522.h>
#include <Servo.h>
Servo myservo;
#define SS_PIN 10
#define RST_PIN 9
MFRC522 mfrc522 ( SS_PIN, RST_PIN ) ;

void setup0
{
    Serial.begin ( 9600 ) ;
    SPl.begin ( ) ;
    mfrc522.PCD_Init ( ) :
    Serial.println ( "Approximate your card to the reader... " ) ;
    Serial.println ( ) ;
    myservo. attach ( 6 ) ;
    pinMode ( 3, OUTPUT ) ;
    pinMode ( 2, OUTPUT ) ;
}

void loop ( )
{
    int pos =-90;
    if ( ! mfrc522.PICC_lsNewCardPresent ( ))
{
return;
}
if ( ! mfrc522.PICC_ReadCardSerial ( ))
{
return;
Serial.print ( "UID tag: " ) ;
String content= "";
byte letter;
```

```
for (byte i = 0; i < mfrc522.uid.size; i++)
Serial.print (mfrc522.uid.uidByte < Ox10? "0 ": "");
Serial.print (mfrc522.uid.uidByte[i], HEX);
content. concat (String (mfrc522.uid.uidByte<Ox10? " 0: "));
content. concat (String (mfrc522.uid.uidByte[l]. HEX));
Serial.println ();
Serial.print ("Message: ");
content. toUpperCase ();
}
if (content. substring (1) == "54 9A 7A 6E "||content. substring (1)
    == "A4 DC 74 6E ")
{
for (pos =-90; pos<=120; pos += 1)
{
    myservo. write (pos);
    delay (1);
}
{
    digitalWrite (3, HIGH);
    digitalWrite (2, HIGH);
                }
delay (1000);
{
    digitalWrite (2, LOW);
    digitalWrite (3, LOW);
                }
delay (2000);
for (pos = 120; pos>=-90; pos-=1)
{
    myservo. write (pos);
    delay (1);
    Serial.println ("Authorized access ");
                }
{
    Serial.println (" Access denied ");
    delay (3000);
}
}
else
{
    Serial.println ("Access denied ");
    delay (3000);
}
}
```

舵机

```
#include <SPI.h>
#include <MFRC522.h>
#include <Servo.h>
Servo myservo;
#define sS_PIN 10
#define RST_PIN 9
MFRC522 mfrc522 (SS_PIN, RST_PIN);

void setup ()
{
    Serial.begin (9600);
    SPI.begin ();
    mfrc522.PCD_Init ();
    Serial.println ("Approximate your card to the reader... ");
    Serial.println;
    myservo. attach (6);
}

void loop ()
{
    int pos =-90;
    if (! mfrc522.PICC_lsNewCardPresent ())
{
return;
}
    if (! mfrc522.PICC_ReadCardSerial ())
{
    return;
}
Serial.print ("UID tag: ");
String content= "";
byte letter;
for (byte i = 0; i < mfrc522.uid.size; i++)
Serial.print (mfrc522.uid.uidByte<0x10? "O ": "")
Serial.print (mfrc522.uid.uidByte[i], HEX);
content. concat (String (mfrc522.uid.uidByte < ox10? "o ": ""));
content. concat (String (mfrc522.uid.uidByte[i]. HEX));
Serial.println ();
Serial.println (("Message: ");
content. toUpperCase ();
if (content. substring (1) == "549A7A 6E "||content. substring (1)
    == "A4 DC74 6E ")
{
    for (pos =-90; pos<= 120; pos+= 1)
```

```
{
        myservo. write (pos) ;
        delay (1) ;
}
delay (2000) ;
for (pos = 120; pos>=-90; pos-=1)
{
    myservo. write (pos) ;
    delay (1) ;
}
else
{
    Serial.println ("Access denied "") ;
    delay (3000) ;
}
}
```

LCD 液晶显示屏

```
int LCD1602_RS= 7;
int LCD1602_EN = 6;
int DB [4] = {2, 3.4.5};
/*
* LCD 写命令
*/
void LCD_Command_Write (intcommand)
{
    int i, temp;
    digitalWrite (LCD1602_RS.LOW) ;
    digitalWrite (LCD1602_EN, LOW) ;
    temp = command & OxfO;
    for (i = DB [0]; i<= 5; i++)
{
    digitalWrite (i, temp & Ox80) ;
    temp <<= 1;
        }
}
/*
* LCD 写数据
* /
void LCD_Data_Write (int dat)
{
    int i = 0, temp;
    digitalWrite (LCD1602_RS, HIGH) ;
    digitalWrite (LCD1602_EN, LOW) ;
```

```
    temp = dat & Oxf0;
    for (i = DB [0]; i<= 5; i++)
{
digitalWrite (i, temp & Ox80);
temp <<=1;
}
}
/*
* LCD 写字符串
*/
void LCD_Write_String (int X, int Y, char *s)
{
    LCD_SET_XY (X, Y);// 设置地址
    while (*s)        // 写字符串
{
    LCD_Data_Write (*s);
s++;
}
}

void setup (void)
{
    int i = 0;
    for (i = 2; i<= 7; i++)
{
    pinMode (i, OUTPUT);
    delay (100);
    LCD_Command_Write (Ox28);// 显示模式设置 4 线 2 行 5x7
    delay (50);
}
LCD_Command_Write (Ox06);// 显示光标移动设置 delay (50);
LCD_Command_Write (Ox0c);// 显示开及光标设置 delay (50);
LCD_Command_Write (Ox80);// 设置数据地址指针 delay (50);
LCD_Command_Write (Ox01);// 显示清屏 delay (50);

void loop (void)
{
    LCD_Write_String (2, 0. "Hello World! ");
    LCD_Write_String (6, 1. "--Tony Code ");
}
```

5.1.5　实物模型图

智能门锁实物如图 5-1 所示。

图 5-1　智能门锁实物图

5.1.6　实践验证

本小节智能锁的 Arduino 智能控制实践演示可通过链接或二维码进行观看。

视频链接：https://j.youzan.com/U6jntB、https://j.youzan.com/ShontB

扫码观看　　　　　　　　　　扫码观看

5.1.7　视野拓展

IC 卡（Integrated Circuit Card，集成电路卡）也称为智能卡（Smart card）、智慧卡（Intelligent card）、微电路卡（Microcircuit card）或微芯片卡等。它是将一个微电子芯片嵌入符合 ISO 7816 标准的卡基中，做成卡片形式。IC 卡与读写器之间的通讯方式可以是接触式，也可以是非接触式。IC 卡具有体积小、便于携带、存储容量大、可靠性高、使用寿命长、保密性强安全性高等特点。IC 卡的概念是在 20 世纪 70 年代初提出来的，法国的布尔公司于 1976 年首先创造出了 IC 卡产品，并将这项技术应用于金融、交通、医疗、身份证明等行业，它将微电子技术和计算机技术结合在一起，提高了人们工作、生活的便利程度。

电信部门是我国 IC 卡应用的领先者，对 IC 卡在国内的应用起到了非常重要的推动作用，不仅在移动电话，而且在普通的公用电话上，都可见到 IC 卡的影子（SIM 卡、UIM 卡、公话 IC 卡以及市话 PIM 卡），这无疑促进了产业部门的发展壮大。电信部门还为电信 IC 卡制定了国内最早的 IC 卡相应标准规范，无论是从技术选型、厂家资格等方面对其他应用领域都起到了借鉴作用。

多年以来，电信 IC 卡的年发卡量一直是中国 IC 卡的"大户"，每年的发卡量在全国 IC 卡发卡量中占据着绝大多数份额，这固然与中国经济持续增长有关，也与电信市场的特殊性有关。目前我国已成为世界上最大的移动电话市场，移动电话的迅速发展也带动了移动电话卡市场的发展。

5.1.8 学习小结

本小节我们完成了智能锁的制作。在这个过程中，我们了解了它的结构组成以及运行原理，理清了软件硬件的实现思路。从整体来看，智能锁包括硬件电路（舵机、电源模块、显示屏以及读卡器等）和软件编程两部分。其运行原理是利用读卡器检测门卡信息，并将其信号反馈给 Arduino 主程序分析，实现确认正确的门卡信息就将门打开的效果。

5.1.9 课后思考

同学们在实现智能锁的基础上，可以思考滑动变阻器除了应用在智能锁中，还有什么其他场景可以应用呢？

5.2 温度计

5.2.1 创作灵感

由传统温度计的形状我们联想到宝剑，剑象征着勇气和安全感，寓意我们能够勇敢面对各种极端天气，温度越高，显示越接近剑锋，体现出高温给人带来的冲击！

5.2.2 设计理念

现在的厂商设计的温度计太没新意，用一块 LED 显示屏就草草了事，方方正正外观也是十分古板，与家庭氛围不和。于是我们用非传统的温度计外观，结合一些机械结构来显示温度，用创新的方式来传达温度的变化，成为智能生活产品中的一个亮点。

5.2.3 硬件材料

温度计所需元器件清单如表 5-2 所示。

表 5-2　温度计元器件清单

序　号	名　　称	数　量
1	Arduino Uno3 开发板	1
2	电源模块	1
3	28BYJ48 减速步进电机	1
4	温湿度传感器 DHT11	1

材料解释

28BYJ48 减速步进电机：步进电机是一种将电脉冲转化为角位移的执行机构，通俗一点讲：当步进驱动器接收到一个脉冲信号，它就驱动步进电机按设定的方向转动一个固定的角度（即步进角）。可以通过控制脉冲来控制角位移量；从而达到准确定位的目的；同时还可以通过控制脉冲频率来控制电机转动的速度和加速度，从而达到调速的目的。步进电机分三种：永磁式(PM)，反应式（VR）和混合式（HB）。永磁式步进机一般为两相，转矩和体积较小，步进角一般为 7.5 度或 15 度，反应式步进机一般为三相，可实现大转矩输出，步进角一般为 1.5 度，但噪声和振动都很大，在欧美等国家 80 年代已被淘汰。混合式步进是指混合了永磁式和反应式的优点，它又分为两相和五相，两相步进角一般为 1.8 度，而五相步进角一般为 0.72 度，这种步进电机的应用最为广泛。

温湿度传感器 DHT11： 温湿度传感器是一种装有湿敏和热敏元件，能够用来测量温度和湿度的传感器装置，有的带有现场显示，有的不带有现场显示。温湿度传感器由于体积小，性能稳定等特点，被广泛应用在生产生活的各个领域。温湿度传感器多以温湿度一体式的探头作为测温元件，将温度和湿度信号采集出来，经过稳压滤波、运算放大、非线性校正、V/I 转换、恒流及反向保护等电路处理后，转换成与温度和湿度呈线性关系的电流信号或电压信号输出，也可以直接通过主控芯片的 485 或 232 等接口输出。

5.2.4 程序设计

智能锁的程序如下所示。dht11 温湿度传感器模块的数据输出接在 7 号引脚，步进电机的输入信号接在 2、3、4、5 号数字引脚，设置串口波特率，定义温湿度传感器的端口为输出，设置步进电机速度为 50r/min。

```
#include <dht.h>    // 引用 dht11 温湿度传感器库文件，使得下面可以调用相关参数
#include <Stepper.h>  /// 引用步进电机驱动库文件，使得下面可以调用相关参数

// 接着依据电路图，我们来定义元件的接口
#define DHT11_PIN 7         //dht11 温湿度传感器的数据输出接在 ArduinoUno 的
7 号数字引脚
int stepsPerRevolution = 128;  // 步进电机每次转动步数
Stepper myStepper ( stepsPerRevolution, 2, 4, 3, 5 );
dht DHT11;  // 实例化 DHT11 对象，便于后面读取温度使用

// 接下来定义一些变量，来存储温度数据或者步进电机的位置信息
int temlast=0;    //temlast 代表上一次读取到的温度数据
int chk, tem;     //chk 代表读取到的温湿度数据，tem 代表读取到的温度数据
```

```
// 接下来就是初始化程序，里面包含了初始化温度传感器以及各个变量的代码。
void setup ( ) {
Serial.begin (9600);                    // 设置串口波特率
pinMode (DHT11_PIN, OUTPUT);            // 定义温湿度传感器的端口为输出
myStepper.setSpeed (50);               // 设置步进电机速度为50r/min

delay (1000);
chk = DHT11.read11 (DHT11_PIN);   // 读取温湿度的值赋给chk
tem=DHT11.temperature;           // 从DHT11对象中将温度数据分离出来
temlast=tem;// 将温度值赋给存储上一次测量温度值的变量，以便接下来的比较
}

/* 接下来就是主要循环程序，对于控制步进电机转动的方法，我使用了比较的方法，
将上一次测量的温度存储起来，与当前测量温度值比较，根据比较大小来控制步进
电机转动方向，具体实现代码如下。*/

void loop ( ) {
chk = DHT11.read11 (DHT11_PIN);             // 读取温湿度的值赋chk
tem=DHT11.temperature;                 // 从DHT11对象中将温度数据分离出来
delay (100);
Serial.print ("Temperature:");            // 串口打印出Temperature:
Serial.println (tem);                 // 打印温度结果
if (tem-temlast>=1)     // 如果当前测量温度的结果大于等于上一次测量的温度值1度
{
myStepper. Step (stepsPerRevolution); // 步进电机正向转动
Serial.println ("add ");                 // 串口打印增加
temlast=tem;                          // 更新上一次测量的温度值
}

else if (tem-temlast<=-1)     // 如果当前测量温度的结果小于等于上一次测量的
温度值1度
{
myStepper. Step (-stepsPerRevolution); // 步进电机反向转动
Serial.println ("less ");                 // 串口打印减小
temlast = tem;                 // 更新上一次测量的温度值
}
delay (500);                            // 延时500ms
}
```

5.2.5　实物模型图

本实验不但实现温度计功能，同时还设计了类似宝剑的外观，如图5-2所示，实验验证表明温度越高，温度指针显示越接近剑锋。

图 5-2 实物模型

5.2.6 实践验证

本小节温度计的 Arduino 智能控制实践演示过程可通过链接或二维码进行观看。

链接：https://j.youzan.com/JT9ntB

扫码观看

5.2.7 视野拓展

温度传感器是指能感受温度并转换成可用输出信号的传感器。温度传感器是温度测量仪表的核心部分，按测量方式可分为接触式和非接触式两大类，按照传感器材料及电子元件特性分为热电阻和热电偶两类。接触式温度传感器的检测部分与被测对象有良好的接触，又称温度计。温度计通过传导或对流达到热平衡，从而使温度计的示值能直接表示被测对象的温度。一般测量精度较高。在一定的测温范围内，温度计也可测量物体内部的温度分布。但对于运动体、小目标或热容量很小的对象则会产生较大的测量误差。常用的温度计有双金属温度计、玻璃液体温度计、压力式温度计、电阻温度计、热敏电阻和温差电偶等。它们广泛应用于工业、农业、商业等部门。

随着低温技术在国防工程、空间技术、冶金、电子、食品、医药和石油化工等领域的广泛应用和超导技术的研究，测量 120K 以下温度的低温温度计得到了发展，如低温气体温度计、蒸汽压温度计、声学温度计、顺磁盐温度计、量子温度计、低温热电阻和低温温差电偶等。低温温度计要求感温元件体积小、准确度高、复现性和稳定性好。利用多孔高硅氧玻璃渗碳烧结而成的渗碳玻璃热电阻就是低温温度计的一种感温元件，可用于测量 1.6 ～ 300K 范围内的温度。

在应用方面，近年来，我国工业现代化的进程和电子信息产业连续的高速增长，带动了传感器市场的快速上升。温度传感器作为传感器中的重要一类，占整个传感器总需求量的 40% 以上。温度传感器是利用 NTC 的阻值随温度变化的特性，将非电学的物理量转换为电学量，从而可以进行温度精确测量与自动控制的半导体器件。温度传感器用途十分广阔，可用作温度测量与控制、温度补偿、流速、流量和风速测定、液位指示、温度测量、紫外光和红外光测量、微波功率测量等，因而被广泛地应用于彩电、电脑彩色显示器、切换式电源、热水器、电冰箱、厨房设备、空调、汽车等领域。

5.2.8 学习小结

本节通过对传统温度计与 Arduino 的结合运用案例来进一步熟悉和掌握 Arduino，在案例中主要使用了 Arduino 开发板、电源模块、28BYJ48 减速步进电机和温湿度模块，通过 Arduino 结合一些机械结构来指示温度计的温度变化。通过这个案例的学习，希望同学们能够掌握 Arduino 在生活各种产品的应用。

5.2.9　课后思考

（1）Arduino 还可以和生活中那些产品来结合运用，思考如何通过 Arduino 来改进传统产品。

（2）使用 Arduino 控制温度计遇到了什么问题？分析出现这些问题的原因并提出解决方案。

5.3　存钱罐

5.3.1　创作灵感

相信在每个人的童年记忆里都有一个属于自己的存钱罐，把那些零零散散的硬币小心翼翼地装进去，银铃般"咣当"一声脆响，带给我们无限的幸福感。仿佛里面存放着我们所有的彩色梦想，像是一个属于我们自己的小小王国，一枚枚硬币都是居民，他们在这个王国里面悄悄讲述着自己的故事，每一个故事都是一段神秘精彩的《爱丽丝梦游历险记》。看着它慢慢装满，心中的喜悦也跟着生根发芽。小小的存钱罐，储存着童年大大的梦想。

带着这份美好的记忆，我们萌生了将 arduino 开发板融入存钱罐的想法，设计出一个属于自己的独一无二的存钱罐。

5.3.2　设计理念

移动支付的兴起让实体货币少了很多存在感，甚至孩子的存钱罐也渐渐失去了物质鼓励作用，家长暂且没零钱，答应给孩子的零花钱也只能打白条，久而久之成了一笔糊涂账。为了维持存钱罐的聚财作用，让孩子对理财有所启蒙，我们设计了一款智能存钱罐。

一般存钱罐多为猪的形状，而我们这次设计的智能存钱罐用纸板做成动漫人物外形。

5.3.3　硬件材料

存钱罐所需元器件清单如表 5-3 所示。

表 5-3　存钱罐元器件清单

序　号	名　　称	数　量
1	Arduino Uno3 开发板	1
2	电源模块	1
3	超声波 HC-SR04	1
4	舵机 SG90	1
5	光敏模块	1
6	LED 灯	1
7	蜂鸣器	1

材料解释

超声波测距模块：使用超声波传感器测距，先要将超声波传感器固定住，再测量其与障碍物之间的距离。

HC-SR04 的工作过程为：

（1）采用 I/O 触发测距，给至少 10μs 的高电平信号；

（2）模块自动发送 8 个 40kHz 的方波，并检测是否有信号返回；

（3）若有信号返回，通过 1/O 输出电平，高电平持续的时间就是超声波从发射到返回的时间，测试距离 =（高电平时间 × 声速）/2。在 ArduBlock里可以利用串口监视器直接读取超声波传感器测到的距离值。

蜂鸣器：它是一种一体化结构的电子讯响器，采用直流电压供电，广泛应用于计算机、打印机、复印机、报警器、电子玩具、汽车电子设备、电话机、定时器等电子产品。蜂鸣器主要分为压电式蜂鸣器和电磁式蜂鸣器两种。蜂鸣器在电路中用字母"H"或"HA"（旧标准用"FM""ZZG""LB"和"JD"等）表示。蜂鸣器模块分为有源和无源两种，外观上看，两种蜂鸣器好像一样，但仔细看，两者的高度略有区别，有源蜂鸣器 a，高度为 9mm，而无源蜂鸣器 b 的高度为 8mm。如将两种蜂鸣器的引脚都朝上放置时，可以看出有绿色电路板的一种是无源蜂鸣器，没有电路板而用黑胶封闭的是有源蜂鸣器。有源蜂鸣器内部带有震荡源，只要痛点出发就会响，其发声频率是固定的。而无源蜂鸣器内部不带震荡源，用直流信号无法令其发声，必须用方波信号去驱动它，发声频率就是驱动信号的频率。根据需求我们选择相应的模块。

5.3.4 程序设计

存钱罐的 ArduBlock 程序如图 5-3 所示。通过拖动相应的板块按钮以实现如下效果：按键设置光敏模块控制 LED 灯的明亮状态，通过超声波测距控制舵机、LED 灯和蜂鸣器。在软件界面上方点击工具栏里的上载按钮，将程序上传至 Arduino 控制器。

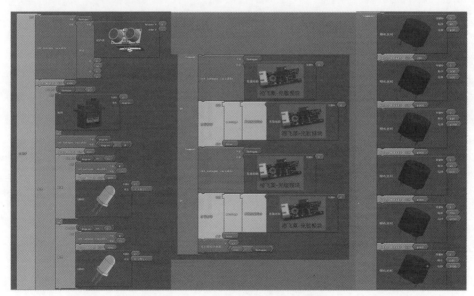

图 5-3 存钱罐 ArduBlock 程序图

5.3.5 实物模型图

根据硬件连接和软件编程，使用纸板材料动漫人物外形设计存钱罐外观，智能存钱罐如图 5-4 所示。手靠近超声波传感器，舵机推动存钱罐盖子自动打开，放入硬币后，存钱罐盖子闭合。

图 5-4　智能存钱罐实物模型

5.3.6　实践验证

本小节存钱罐的 Arduino 智能控制实例演示过程可通过链接或二维码进行观看。

视频链接：https://j.youzan.com/mJvntB、https://j.youzan.com/mRFntB

扫码观看　　　　　　　　　　　扫码观看

5.3.7　视野拓展

儿童生活品牌 PUPUPULA 推出了一款市面上少见的 Little Can 智能存钱罐，造型像一个小蘑菇。这款智能存钱罐诞生的背景是考虑到无现金社会的趋势来临，父母如何在日常生活中帮助小朋友认识金钱。little Can 智能存钱罐通过三种智能交互——扭一扭、摇一摇和拍一拍实现存钱、花钱、查余额、做任务四大功能。它在使用时需要搭配手机 App 一起使用，所有的功能需要父母和孩子一起配合才能完成。开发者认为，好的科技产品应该是促进父母和孩子的交流，而不是取代彼此的陪伴。little Can 智能存钱罐在整个外观和交互设计上，借鉴了传统的存钱罐，比如说查余额时，小朋友需要摇动存钱罐，并播放声音，这保留了传统存钱罐在查余额时的有趣体验；屏幕置于下方，如同传统存钱罐取钱口置于低端，保留孩子财产的隐私感。这款 Little Can 智能存钱罐的外观造型、手机 App 设计都十分可爱，按压、旋转、摇一摇的操作也足够便捷。在无现金社会，这样一款产品能够很好地代替传统存钱罐，满足孩子、家长的需求。

智能存钱罐是对传统的存钱罐的改进，相对于传统的存钱罐只能存钱罐的功能，智能存钱罐不再局限于存钱和取钱这两个功能，还能从小事情做起培养良好的理财习惯。它自己可以设置一个要存钱的目标金额，也有很多日常的任务可以选择，能培养很多不同的习惯。

5.3.8　学习小结

在本节中，存钱罐运用了 Arduino 开发板、电源模块、超声波测距模块、舵机、光敏模块、LED 灯、蜂鸣器等部件，实现了自动开盖存钱的功能。

5.3.9　课后思考

（1）Arduino 还可以制作哪些生活中的日用品？

（2）使用 Arduino 制作存钱罐遇到了什么问题？分析出现这些问题的原因并提出解决方案。

5.4　智能交警

5.4.1　创作灵感

我们设计的这款智能交警灵感来自交警有时会碰到一些恶劣的工作环境。当有车辆经过时，交警下方的超声波会感应到车速，同时蜂鸣器会发出响声，绿灯会亮起，交警的手臂就会挥动，提示车辆快速通过。

5.4.2 设计理念

设计理念是将传统的交通警察造型进行外观仿生设计，然后再将机械部件藏在外观之下。结构仿生设计通过对自然生物由内而外的结构特征的认知，结合不同产品概念与设计目的进行设计创新，使人工产品具有自然生命的意义与美感特征。设计草图如图 5-5 所示。

图 5-5　智能交警设计草图

5.4.3 硬件材料

智能交警所需元器件如表 5-4 所示。

表 5-4　智能交警元器件清单

序　号	名　　称	数　量
1	Arduino Uno3 开发板	1
2	超声波 HC-SR04	1
3	LED 灯	2
4	电机	1
5	蜂鸣器	1

5.4.4 实物模型图

如图 5-6 所示，控制器部分及时处理传感器的信息并将处理结果送到执行部分执行；电源部分要给控制器提供稳定电压，还要为传感器以及驱动部分提供足够的电能，确保整个系统能正常稳定地工作；当有车辆经过时，交警下方的超声波元件会感应到车速，同时蜂鸣器会发出响声，绿灯会亮起，交警的手臂就会挥动，提示车辆快速通过。

图 5-6　智能交警硬件搭建图

5.4.5　程序设计

智慧交警通过不同模块的独立编程以实现如下效果：使用超声波传感器感应前方来车的距离，从而控制蜂鸣器发出对应响声，LED 灯相应在绿色和红色之间切换。当前方来车达到一定距离时，电机带动交警手臂抬起或放下，指示车辆行进或暂停。在软件界面上方点击工具栏里的上载按钮，将程序上传至 Arduino 控制器，程序如下：

```
#include<math. h>
#include<Wire. h>
#include<Servo. h>
#define ADDR_ 1 0x20
    const int DIR1 RIGHT=12;
    const int DIR2_ _RIGHT= 1;
    const int DIR1_ LEFT=8;
    const int DIR2_ LEFT=9;
    const int PWM_LEFT=6;
    const int PWM_RIGHT=5;
```

```
Servo myservo;
    int ServoPin=10;
    int pos=0;
    int MotorAdjustmengPin = A1:
#define MOTORADJUSTMENT
void runLineFollow ( ) {
    int robotSpeed =45;
    int KP=30;
    int KI=0;
    int KD=11;
static int error last_error;
error = sensor ( );
if ( error<100 ) {
error = constrain ( error, -100, 100 );
```

5.4.6　实践验证

本小节智能交警的 Arduino 智能控制实践演示过程可通过链接或二维码进行观看。

视频链接：https://j.youzan.com/LzXntB

扫码观看

5.4.7　视野拓展

交通是一个城市发展不可缺少的关键要素，其决定着城市中各生产要素的流通与互联，承担着人流和物流运输的重要任务，因此日常保护道路安全与交通顺畅至关重要。但部分地区由于交通基础设施不够完善以及警力资源较为欠缺的限制，各种交通拥堵和事故时有发生。为解决各种交通问题，推动道路交通向智能化发展升级，机器人开始得到了越来越普遍的应用。2019

年 8 月 7 日，邯郸市机器人交警成功面世，掀开了我国机器人交警研发和应用的新篇章。此次邯郸市一口气推出了道路巡逻、车管咨询和事故警戒三款机器人，分别应用于交通要道、车管业务大厅与交通事故现场等主要场景，标志着邯郸市智慧交管正式进入智能化的新时代。机器人频频亮相交通领域，而上述机器人交警的出现并非首例。

2016 年，北京率先尝试应用了机器人交警"小文"，其在北京街头抓拍闯红灯者、引导交通通行，为执法人员提供了一定帮助。之后，北京又再次应用了一款"移动式护栏巡逻机器人"，被誉为"执法神器"的该机器人在高速护栏上穿梭抓拍，效果十分惊人！

2017 年，湖北省襄阳市也开始采用交通机器人"平安宝贝"，其通过手臂指挥、灯光提示、语音警示、安全宣传等进行交通辅助，同样展现出了显著价值；2018 年，温州也迎来了首款交通违法审核机器人，其在指挥中心以一抵二十的进行审核工作，有效减轻了交警审核人员的工作。

相比于传统交通管理方式，机器人具备应用灵活、使用便捷、持续作业等优点，能够自主高效地进行交通指挥、违法抓拍、事故处理，大幅度提升交通管理与辅助执法的效率。同时，其还不受恶劣天气和环境等因素限制，能够长期"坚守岗位、恪尽职守"。

5.4.8　学习小结

本小节我们完成了智慧交警的制作。在此过程中，我们了解了它的结构组成以及运行原理，理清了软件、硬件实现思路。宏观上看整个智慧交警主要包括身体、硬件电路和软件编程三部分。它的整个运行原理就是超声波传感器检测车辆的存在，并将它的位置信号反馈给 Arduino，主控程序对小车位置进行分析，从而控制 LED 灯以及蜂鸣器的运行达到指挥交通等效果。

5.4.9　课后思考

同学们在实现智慧交警的基础上，可以还有其他的实现形式么，还有其他能代替的可行性方案吗？如果有，请尝试。

第6章 创意案例提升

6.1 智能凹槽清扫器

6.1.1 创作灵感

　　每次打扫卫生时，会有一个地方让所有人头疼，那就是窗户凹槽。任你再勤劳能干，凹槽长期积累的尘土如长在上面一样顽固，而且因为凹槽的复杂性，让清理凹槽难上加难，如图 6-1 所示。本节设计了一款凹槽清扫器，可以轻松解决这一清洁难题，自动清扫，解放双手。

图 6-1　凹槽清扫器灵感来源

6.1.2 技术方案

　　凹槽清扫器制作过程分为内部结构和智能控制两部分，内部结构部分如图 6-2 所示，智能控制电路接线图如图 6-3 所示。

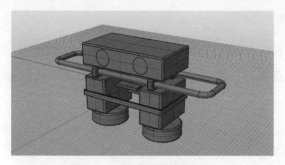

图 6-2　凹槽清扫器内部结构

图 6-3　凹槽清扫器电路接线图

内部结构部分

（1）滑块伸缩：产品可以适应不同宽度凹槽；

（2）弹力连接机构：通过皮筋的拉力使产品紧贴凹槽两侧。

智能控制部分

（1）控制原理：通过超声波模块控制舵机转动方向，达到往返运动并防撞的效果。

（2）电路接线图：两个超声波模块通过面包板连接到开发板上端，用于识别障碍物，两个舵机连接连接到开发板底部，用于控制清扫模块转动。

6.1.3　硬件材料表

智能凹槽清扫器所需元器件清单如表 6-1 所示。

表 6-1　智能凹槽清扫器元器件清单

序　　号	名　　称	数　　量
1	Arduino Uno3 开发板	1
2	电源模块	1
3	超声波 HC-SR04	1
4	舵机 SG90	1
5	光敏模块	1
6	LED 灯	1
7	蜂鸣器	1

6.1.4 程序设计

智能凹槽清扫器的代码如下所示，通过舵机的转动带动下方轮胎的转动，从而使得装置在凹槽内进行行走清扫，同时超声波模块使得装置可以进行来回往复活动。

```
#include <Servo. h>

const Int TrigPin = 2;
const int EchoPin = 3;
const int TrigPinl = 4:
const Int EchoPinl = 6:
float distance;
float distancel;
int J1, J12, x;

Servo servo_pin_7;
Servo servo_pin_8;
int pos;

void setup ( )
{
    Serial. begin (9600);
    pinMode (TrigPin. OUTPUT);
    pInMode (EchoPin, INPUT);
    pinMode (TrigPinl, OUTPUT);
    pirMode (EchoPinl, INPUT);
    servo_pin_7. attach (7);
    servo_ pin_8. attach (8);
}

void chao ( )
{
    digitalwrite (TrigPin, Low);
    delayMicroseconds (2);
    digitalWrite (TrigPin. HIGH);
    delayMicroseconds (10):
    digitalWrite (TrigPin, LOW);
    distance = pulseIn (EchoPin. HIGH) / 58. 00;
    distance = (int (distance * 100.0)) / 100. 0;
    Serial. print (" distance: ");
    Serial. print (distance);
    Serial. print ("cm ");
    Serial. println ();
```

```
delay (1000);
}

void chao1 ()
{
    digitalWrite (TrigPin1, LOW);
    delayMicroseconds (2);
    digitalWrite (TrigPin1, HIGH);
    delayMicroseconds (10);
    digitalWrite (TrigPin1, LOW);        //检测脉冲宽度。并计算出距离
    distance1 = pulseIn (EchoPin1, HIGH) / 58. 00;
    distance1 = (int (distance1 * 100.0)) / 100.0;
    Serial. print (" distance1: "):
    Serial. print (distance1);
    Serial. print ("cm ");
    Serial. println ();
}

void loop ()
{
    chao ();
    chao1 ();
    if (distance (-6. distance1<6))
    {
        servo. _pin_7. w1teM1croseconds (1400);
        servo. pin_B. writeMicrosecands (1550):
    }
    else 1f (distance1<-6, distance (6))
    {
        servo. pin7. witellicroseconds (1550);
        servo, Din .8. writeMicroseconds (1400);
    }
}
```

6.1.5　实物模型图

本节设计的凹槽清扫器实物模型图如图 6-4 所示，通过实验验证，此款凹槽清扫器能完成窗户凹槽自动清扫功能。通过伸缩装置压紧凹槽两侧来保持稳定，利用中间清扫工具将凹槽的灰尘打扫的干净，超声波模块也会让装置在往返运动的同时达到防碰撞的效果。

图 6-4 智能凹槽清扫器实物模型图

6.1.6 实践验证

本小节智能凹槽清扫器的 Arduino 智能控制实践演示可通过链接或二维码进行观看。

视频链接：https://j.youzan.com/DV1ntB

扫码观看

6.1.7 视野拓展

近几年智能家居行业依托全新的技术实现了繁荣的发展。扫地机器人是近些年比较火的一款家用智能家电，能像一个小宠物一样在房间里来回走动，在它在家里"巡逻"的时候，就悄悄地完成了地面清理工作！

而且不要因为它叫扫地机器人就以为忽略它的另一项技能，它还会擦地！这是一个集多种技能于一身的小可爱！一般它的清洁方式都是旋转刷扫地面和吸附方式，将地面以及一些我们平时清扫起来很费力的空间都能轻易打扫干净。

扫地机器人发展时间不长，在产品上却已经历了 4 代更新，第 1 代扫地机器人智能化程度低，仅能在碰撞到障碍物后调整行进方向，也就是所谓的随机碰撞扫地机器人。第 2 代扫地机器人增加了导航功能，也有一些简单算法的支持，机器人具备行程记录功能，在遇到障碍物后会自动停止，减少了误打误撞的概率，提升了一些效率，但较容易出现重复劳动的情况，这就是所谓的惯性导航扫地机器人。这两代之后，还出现过一个 2.5 代的扫地机器人，只是增加了一个摄像头来识别清扫路线，这当然是先进了一些，但遇到房间光线不足的情况，这一功能就无法发挥。第 3 代导航机器人配备了 LDS 激光雷达，能够快速测距，规划清扫路线，避免重复劳动，且不受室内光线影响。这一代的扫地机器人在智能化程度上更高，也是目前的主流消费产品。

6.1.8　学习小结

本小节我们完成了智能凹槽清扫器的制作。在此过程中，我们了解了它的结构组成以及运行原理，理清了软件硬件实现思路。通过超声波模块、舵机让装置在往返运动的同时达到防碰撞的效果。

6.1.9　课后思考

同学们根据以上案例，思考一下，如何在智能家居领域利用 Arduino 技术。

6.2　"雨语"——场景化互动装置

6.2.1　创作灵感

下雨天光线暗、气压低，影响人体新陈代谢，往往使得人们无精打采。因此在生活中，大家总会不由自主地将负面的情绪与雨天相关联。我们却认为这是人与自然之间最为天然的互动。本节设计一款场景化互动装置，希望能通过此装置使人感受到自然与人之间美好的交互，带来有趣的情感体验，改善原本人们对于下雨天消极的想法，更加热爱自然。

6.2.2 技术方案

"雨语"——场景化互动装置设计分内部结构和智能控制两部分。

内部结构：由折扇的结构联想至雨伞伞面的结构，进而改进设计，伞骨为多个平面连杆机构相连，达成可以使其合并的目的，形成伞面可横向折叠，伞骨可通过旋转折叠的装置结构，内部结构图如图 6-5 所示。

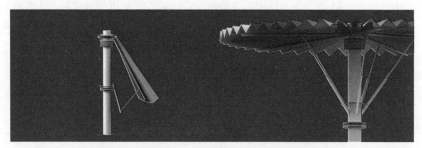

图 6-5 "雨语"——场景化互动装置结构图

智能控制：通过雨滴传感器，控制 LED 灯与蜂鸣器，智能控制部分如图 6-6 所示。

图 6-6 "雨语"——场景化互动装置智能控制图

6.2.3 硬件材料表

"雨语"——场景化互动装置所需元器件清单如表 6-2 所示。

表 6-2 "雨语"——场景化互动装置元器件清单

序　号	名　　称	数　　量
1	Arduino Uno3 开发板	1
2	雨滴传感器	1
3	LED 灯	1
4	蜂鸣器	1

6.2.4 程序设计

传感器雨伞代码如下所示,通过雨滴传感器,控制 LED 灯与蜂鸣器。

```
/* 接线:
LED--8 号引脚
    雨滴传感器 1 AO--A0 引脚
    雨滴传感器 2 A0--A1 引脚
    */
#define Do 262
#define Re 294
#define Mi 330
#define Fa 349
#define Sol 392
#define La 440
#define Si 494

int scale [] = {0, Do, Re, Mi, Fa, Sol, La, Si};
int i, value1, value2, led = 8, buzzerPin = 10;

void setup ( )
{
    Serial.begin (9600);
    pinMode (led, OUTPUT);
    digitalWrite (led, LOW);
    pinMode (buzzerPin, OUTPUT);
    noTone (buzzerPin);
    }
void loop ( )
{
```

```
    value1 = analogRead ( A0 ) ;
    value2 = analogRead ( A1 ) ;
    Serial, print ( "value1: " ) ;
    Serial.print ( value1 ) ;
    Serial.print ( "value2: " ) ;
    Serial.println ( value2 ) ;

    music ( musicselect ( value1 ) ) ;
    delay ( 500 ) ;
    music ( musicselect ( value2 ) ) ;
}
int musicselect ( int value )
{
    int i;
    if ( value <= 100 ) i= 7;
    else if ( value > 100 6& value <= 250 ) i= 6;
    else if ( value > 250 && value <= 400 ) i= 5;
    else if ( value > 400 && value <= 550 ) i= 4;
    else if ( value > 550 && value <= 700 ) i= 3;
    else if ( value > 700 && value <= 850 ) i= 2;
    else if ( value > 850 && value <= 1000 ) i= 1;
    else if ( value > 1000 && value <= 1030 ) i= 0;
    return i;
}
void music ( int a )
{
    if ( scale[a]! = 0 )
    {
        tone ( buzzerPin, scale[a] ) ;
        digitalWrite ( led, HIGH ) ;
        delay ( 1000 ) ;
        noTone ( buzzerPin ) ;
        digitalWrite ( led, LOW ) ;
    }
}
```

6.2.5 实物模型图

本节设计的"雨语"——场景化互动装置如图 6-7 所示，我们改变了原本雨伞的构造，使伞面可以横向折叠，再通过 Arduino 的编程，使其成为一个可以根据下雨的大小，而改变灯光与声音的沉浸式的情景互动装置。

图 6-7　"雨语"——场景化互动装置实物模型图

6.2.6　实践验证

本小节"雨语"——场景化互动装置的 Arduino 智能控制实践演示过程可通过链接或二维码进行观看。

视频链接：https://j.youzan.com/2WqntB

扫码观看

6.2.7 视野拓展

如果说 19 世纪末的设计师们是以对传统风格的扬弃和对新世纪的渴望与激情，用充满生命活力的新艺术风格来迎接 20 世纪。那么 20 世纪末的设计师们则更多地以冷静、理性的思维来反省一个世纪以来工业设计的历史进程，展望新世纪的发展方向，而不只是追求形式上的创新。实际上，进入 20 世纪90 年代，风格上的花样翻新似乎已经走到了尽头，后现代已成明日黄花，解构主义依旧是曲高和寡，工业设计需要理论上的突破。于是不少设计师转向从深层次上探索工业设计与人类永续发展的关系，力图通过设计活动，在人——社会——环境之间建立起一种协调发展的机制，这标志着工业设计发展的一次重大转变。绿色设计的概念应运而生，成为当今工业设计发展的主要趋势之一。

绿色设计源于人们对于现代技术文化所引起的环境及生态破坏的反思，体现了设计师的职业道德和社会责任心的回归。在很长一段时间内，工业设计在为人类创造了现代生活方式和生活环境的同时，也加速了对资源、能源的消耗，对地球的生态平衡造成了巨大的破坏。特别是工业设计的过度商业化，使设计成了鼓励人们无节制消费的重要介质。"有计划的商品废止制"就是这种现象的极端表现，因而招致了许多的批评和责难，设计师们不得不重新思考工业设计的职责与作用。

绿色设计着眼于人与自然的生态平衡关系，在设计过程的每一个决策中都充分考虑到环境效益，尽量减少对环境的破坏。对工业设计而言，绿色设计的核心是"3R"，即 Reduce、Recycle 和 Reuse，不仅要尽量减少物质和能源的消耗、减少有害物质的排放，而且要使产品及零部件能够方便地分类回收并再生循环或重新利用。绿色设计不仅是一种技术层面的考虑，更重要的是一种观念上的变革，要求设计师放弃那种过分强调产品在外观上标新立异的做法，而将重点放在真正意义上的创新上面，以一种更为负责的方法去创造产品的形态，用更简洁、长久的造型使产品尽可能地延长其使用寿命，下图 6-8 为一款绿色设计产品。

图 6-8　绿色设计产品

6.2.8　学习小结

本小节，我们完成了"雨语"——场景化互动装置的制作。希望通过此交互装置，为来不及躲雨的行人、动物提供一个暂时的栖息之地。天气虽不是那么美妙，通过"覆语"伞的连接，聆听来自大自然的声音，伴随着雨滴飘来的音乐，柔和的灯光，给予他们情感上的安慰，与自然和谐共处。

6.2.9　课后思考

为了使人与自然和谐共处，你还有其他办法吗？

6.3　"深海"——艺术互动装置

6.3.1　创作灵感

本节设计了一款艺术互动装置，其灵感来源于如图 6-9 所示夕阳下的海浪，通过灯光旋转给静态的海波纹制造波动的光影效果，从而模拟海浪浮动的一款简单的艺术装置。

图 6-9　夕阳下的海浪

6.3.2　技术方案

控制原理：Arduino 编程控制舵机旋转，带动灯管旋转。正面叠加不同透光材质的波浪形状，在灯光位置发生变化时，波浪投影也随之变化。鱼和海草的剪影也充满海洋的感觉。设计理念图如图 6-10 所示。

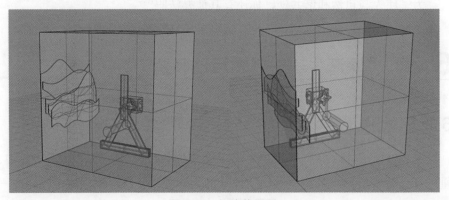

图 6-10　深海构思图

6.3.3　硬件材料表

深海所需元器件清单如表 6-3 所示。

表 6-3　深海元器件清单

序　　号	名　　称	数　　量
1	Arduino Uno3 开发板	1
2	舵机 SG90	1
3	LED 灯	1

6.3.4　程序设计

```
#include <Servo.h>
int_ ABVAR_ 1_ code = 0;
Servo servo_ _pin_ 7;
Servo servo_ _pin_ _8;

void setup ( )
{
    Serial.begin ( 9600 );
    servo_ pin_ 7. attach ( 7 );
    servo_ pin_ 8. attach ( 8 );
}
void loop ( )
{
    _ABVAR_ 1_ code = Serial, parselnt ( );
    if ((( _ ABVAR_ 1_ code ) == ( 1 )))
    {
        servo_ pin_ 7. write ( 80 );
        servo_ pin_ 8. write ( 100 );
    }
    if (( _ ABVAR_ 1 code ) == ( 2 )))
    {
        servo_ pin_ 7. write ( 100 );
        servo_ pin_ 8. write ( -70 );
    }
    if ((( _ ABVAR_ 1 code ) == ( 5 )))
    {
        servo_ pin_ 7. write ( 90 );
        servo_ pin_ _8. write ( 90 );
    }
}
```

6.3.5　实物模型图

本小节设计的深海——艺术互动装置实物模型图如图 6-11 所示，通过实验验证，此款艺术互动装置可以通过 Arduino 编程控制舵机旋转，带动灯管旋转，达到模拟海洋波浪的视觉效果。

图 6-11　深海艺术互动装置实物模型图

6.3.6　实践验证

本小节深海——艺术互动装置的 Arduino 智能控制实践演示过程可通过链接或二维码进行观看。

视频链接：https://j.youzan.com/UzPntB

扫码观看

6.3.7　视野拓展

全媒时代的到来，信息的高效快速传输占据了主流，传统的信息传递模式被逐渐覆盖，科技馆的展览展示紧随其步伐，多媒体互动装置的加入使传统的展品逐渐鲜活起来，以全新参与性的互动体验方式呈现科学的艺术魅力。

多媒体互动装置运用声、光、电等各种媒介制造出动态的展示艺术，即使不能实体触摸，但是也可以真切地感受到它的存在。它在视觉效果营造上依然遵循传统的艺术创作美的规律，但是它与传统的表现形式相比，更易于营造出丰富、多变的视觉科学画面。在听觉营造上多媒体装置能模拟和复制出世界上任何人都能听到的声音，能使观众因听觉而产生感官联动，带来无限的联想空间。科技馆的作用本身是为了激发人们主动投入到科学知识探索中来，再引起深度的思考。多媒体互动装置的设计围绕知识点进行延展想象，用直观的叙事性的手法来传达自身要体现的科学知识与原理，例如科技馆中"音乐看得见"的展示项目，从名称看就能吸引参与者的注意力，展示项目将若干生活中看起来与音乐毫无关联的物品任意组合，参与者轻轻触碰能发出美妙的乐音，不同的触碰方式有不同的音阶表现，吸引参与者对音律与音阶产生兴趣，主动参与体验。

6.3.8　学习小结

本小节我们完成了深海——艺术互动装置的设计与制作。通过艺术与技术的结合，带来了全新的视觉观感体验，使人们沉浸于美好的自然美景之中。

6.3.9　课后思考

对于艺术交互装置你有什么新想法？

第 7 章　视觉交互应用案例

本章将通过十个视觉交互类案例让同学们进一步巩固前面所学知识，让学生了解如何将 Arduino 开源平台应用到生活和产品设计当中去，同时在利用该平台来实现诸如情感化设计、个性化设计等设计理念的结合，另外本章第 4、6、10 节设计案例通过灯具和摆件的方式很好地融入了中国传统文化。总的来说通过对本章的学习，希望同学们能更多认识到 Arduino 在设计各方面的应用，开阔视野，设计出更多优秀的作品。

7.1　趣味桌面摆件

7.1.1　创作灵感

异地情侣之间通常会送一些有特殊意义的物品以寄托对对方的思念，其中较为常见的是桌面小摆件，而一般的桌面小摆件固然可爱，却常常是静止的，缺乏互动的趣味性。本节设计选择了甜甜的蛋糕造型来寓意甜甜蜜蜜的爱情，在造型方面选用饭团小人形象，作为提醒对方按时吃饭的暖心显示，通过跨越空间的互动，来拉进心间的距离。

7.1.2　技术方案

趣味桌面摆件制作过程分为内部结构和智能控制两部分，内部结构部分如图 7-1 所示，智能控制电路接线图如图 7-2 所示。

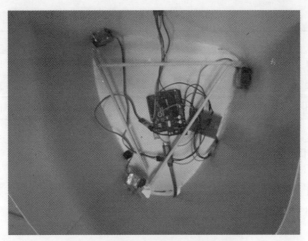

图 7-1　趣味桌面摆件内部结构图

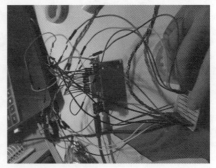

图 7-2　趣味桌面摆件内部结构图

内部结构：由三个舵机加延长杆（木棍）按顺时针方向组成小人的升降结构。升降结构为三个舵机加延长杆相连，通过舵机 60 度旋转将平台顶起，达成可以使平台上升的目的。

智能控制：通过超声波传感器，控制三个舵机，蜂鸣器，8×8 点位板。

7.1.3　硬件材料表

本节设计的趣味桌面摆件所需元器件清单如表 7-1 所示，将程序编写后上传至 Arduino Uno3 开发板，通过指令控制三个舵机加延长杆的转动，再通过舵机进行 60 度旋转将平台顶起。

表 7-1　趣味桌面摆件元器件清单

序　号	名　称	数　量
1	Arduino Uno3 开发板	1
2	舵机 SG90	3
3	8×8 点位板	1

7.1.4　程序设计

通过程序控制三个舵机及其延长杆进行 60 度的旋转，达到平台上升的效果。以下为其程序代码。

```
#include <Servo.h>
int_ ABVAR_ 1_ code = 0;
Servo servo_ _pin_ 7;
Servo servo_ _pin_ _8;

void setup ( )
{
    Serial.begin ( 9600 ) ;
    servo_ pin_ 7. attach ( 7 ) ;
    servo_ pin_ 8. attach ( 8 ) ;
}
void loop ( )
{
    _ABVAR_ 1_ code = Serial, parselnt ( ) ;
    if ((( _ ABVAR_ 1_ code ) == ( 1 )))
    {
        servo_ pin_ 7. write ( 80 ) ;
        servo_ pin_ 8. write ( 100 ) ;
    }
    if (( _ ABVAR_ 1 code ) == ( 2 )))
    {
        servo_ pin_ 7. write ( 100 ) ;
        servo_ pin_ 8. write ( -70 ) ;
    }
    if ((( _ ABVAR_ 1 code ) == ( 5 )))
    {
        servo_ pin_ 7. write ( 90 ) ;
        servo_ pin_ _8. write ( 90 ) ;
    }
}
```

7.1.5　实物模型图

本节桌面小摆件实物模型图如图 7-3 所示，它可作为情侣间的具有特殊意义的小礼物送给对方，并可以手机端控制录入自己的音色，生成个性化设置。动物是会格外青睐会动的物体，这也是为什么动物界食肉动物喜欢捕食活动的草食动物，人也不例外，动图会比平面图片更吸引人的注意力，从五感方向思考，我们选择为静止的小摆件赋予视觉和听觉上的交互，用距离远近作为触发条件。

图 7-3　趣味桌面摆件实物模型图

7.1.6　实践验证

本小节趣味桌面摆件设计案例的 Arduino 智能控制实践演示可通过链接或二维码进行观看。

视频链接：https://j.youzan.com/P8lntB、https://j.youzan.com/mmEntB、https://j.youzan.com/dnCntB、https://j.youzan.com/dL4ntB

扫码观看　　　　　　　　　扫码观看

扫码观看　　　　　　　　　扫码观看

7.1.7　视野拓展

进入二十一世纪以来，经济的迅速发展和科学技术的进步催生了诸如抖音、快手等直播平台及电子竞技等行业，这些新兴产业的出现极大地丰富了人们的休闲生活，同时也在一定程度上满足了人们的精神需求，随着不断增长的情感需求和情感体验，情感设计、体验设计等新兴的设计理念开始出现，这些全新的设计理念引导着人们的情感需求，使情感体验成为现代设计的一个重要方向。情感化设计是旨在抓住用户注意力、诱发情绪反应，以提高执行特定行为的可能性的设计。通俗来讲，就是设计以某种方式去刺激用户，让其有情感上的波动。通过产品的功能、产品的某些操作行为或者产品本身的某种气质，产生情绪上的唤醒和认同，最终使用户对产品产生某种认知。

近年来，情感化的设计已经引起了很多设计工作者的注意，同时它也是未来设计的重要趋势。目前我国的情感化设计还处于初级阶段，在理论和实际应用方面还较为欠缺，目前主要体现在产品造型和用户体验方面。情感化设计强调"以人为本"的设计理念，在产品的设计上占有重要的地位，人们对于产品的追求已不仅仅体现在产品质量上面，更体现在产品与情绪的互通上。从产品的造型上来看，不同的造型和外观色彩搭配都在反映着人们的情感需求，好看且能够唤起用户情绪反应的产品已成为畅销产品的一种标配。另外，在用户体验方面更多的是情感交互方面的体验，情感交互在产品上的体现是无意识的，而且可以提高用户体验的愉悦程度，当前我国的情感化设计目前正从功能体验方面逐渐转变为注重用户使用过程中产生的精神需求。总之，情感化设计将人的心理和情绪上的需求融入产品设计当中已经成为当今设计的新思路。为了使用户使用产品时获得更好的情感体验，设计工作者在设计产品时应更加注重不同情境下用户的情感需求，通过合适的视觉色彩和效果来反应用户的情绪，使用户在使用过程中获得更多的参与度，让用户在任何情境下都能感受到不同产品带来的不同情感。

7.1.8　学习小结

本小节我们完成了趣味桌面摆件案例的设计制作，此设计通过桌面小摆件和 Arduino 的结合运用，将情感化的设计理念融入其中，用"含甜超标"这个意象来表达情感化需求，很好地将 Arduino 应用到产品设计当中去。

7.1.9　课后思考

对于情感化设计理念在产品设计中的运用，你还有那些思路和方法?

7.2　Blank of white——情感花台设计

7.2.1　创作灵感

此产品为情感化设计产品，使用手机蓝牙连接该产品后，可通过手机屏幕控制花开与闭合，实现人与产品的交互。花闭合时表示封闭了自己的内心，花开了表示打开了自己内心。灵感来源于 BLACKMIRROR（黑镜）展览"我仿佛直面我心底的黑暗，那些挣扎具象地展现在我眼前"。

7.2.2 技术方案

情感花台的设计分内部结构和智能控制两部分。

内部结构:马达带着螺丝动,螺丝将螺母旋转上去,由于螺母和吸管连着,带动吸管上去,吸管和铁丝相连,铁丝和花瓣连着,由于吸管的上下带动了花瓣,就实现了花瓣的开合,如图 7-4 所示。

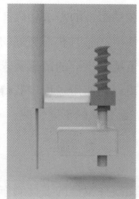

图 7-4　情感花台结构图

智能控制:通过蓝牙模块控制马达,智能控制部分如图 7-5 所示。

图 7-5　情感花台智能控制图

7.2.3　硬件材料表

Blank of white 产品所需元器件清单如表 7-2 所示，将程序上载至 Arduino Uno3 开发板，通过蓝牙模块，用手机控制舵机的运作，电机的转动使得花台上下移动。蓝牙模块是一个集成的 PCBA 远程无线电路板，如图 7-6 所示。

图 7-6　蓝牙模块

蓝牙模块是集成蓝牙功能的一组基本芯片，用于无线通信，可以分为三种类型：数据传输模块、蓝牙音频传输模块和蓝牙音频加数据传输模块。一般模块具有半成品的性质，通过芯片加工，以简化应用。

表 7-2　Blank of white 元器件清单

序　　号	名　　称	数　　量
1	Arduino Uno3 开发板	1
2	蓝牙模块	1
3	电机	1

7.2.4　程序设计

Blank of white 代码如下，通过运用蓝牙模块控制电机运行装置。

```
#define leftA_PIN 4
#define leftB_PIN 5
#define righA_PIN 6
#define righB_PIN 7
void motor_pinint ( );       // 引脚初始化
void forward ( );            // 开花
void back ( );               // 闭合
```

```
void _stop ( );                    // 暂停
    int receive;
void reve ( void ) ;
void setup ( )
{
  Serial.begin ( 9600 ) ; // 串口波特率 9600 ( 手机端使用 )
  motor_pinint ( ) ;
}
void loop ( )
{
    reve ( ) ;
}

void reve ( void )
{
        receive=Serial.parseInt ( ) ;
    if ( receive==7 )      {forward ( ) ; }// 开花
  else if ( receive==6 )      {back ( ) ; }// 闭合
  else if ( receive==1 )      {_stop ( ) ; }// 暂停
}

/* 电机引脚初始化 */
void motor_pinint ( )
{
  pinMode ( leftA_PIN, OUTPUT ) ; // 设置引脚为输出引脚
  pinMode ( leftB_PIN, OUTPUT ) ; // 设置引脚为输出引脚
  pinMode ( righA_PIN, OUTPUT ) ; // 设置引脚为输出引脚
  pinMode ( righB_PIN, OUTPUT ) ; // 设置引脚为输出引脚
  }
/****************************************************
forward子函数——开花子函数
函数功能: 控制花开
****************************************************/
void forward ( )
{
  analogWrite ( leftA_PIN, 180 ) ;
  analogWrite ( leftB_PIN, 0 ) ;              // 马达顺时针旋转, 花开
}
/****************************************************
back子函数——闭合子函数
函数功能: 控制花闭合
****************************************************/
void back ( )
{
```

```
  analogWrite(leftA_PIN, 0);
  analogWrite(leftB_PIN, 180);              // 马达逆时针旋转，花闭合
}
/****************************************************
stop 子函数—停止子函数
函数功能：控制花运动暂停
****************************************************/
void _stop()
{
  analogWrite(leftA_PIN, 0);
  analogWrite(leftB_PIN, 0);                // 马达静止不，运动暂停
}
```

7.2.5 实物模型图

本节设计的 Blank of white——情感花台产品实物模型如图 7-7 所示，使用手机蓝牙连接该产品后，可通过手机屏幕控制花开与闭合，实现人与产品的交互。

图 7-7 Blank of white 产品实物模型图

7.2.6 实践验证

本小节 Blank of white——情感花台设计案例的 Arduino 智能控制实践，演示可通过链接或二维码观看。

视频链接：https://j.youzan.com/D7pntB

扫码观看

7.2.7 视野拓展

"蓝牙"作为一种无线传输技术，已经被广泛使用于各种产品中，"蓝牙"主要用于建立设备间的短距离连接，从而实现数据传输。与 Wi-Fi 相比较，它的传输速率较慢，且受到距离的限制，但由于使用方便且不需要网络连接即可完成数据的传输。其技术难度较低、可应用领域较广，这使得它成为各类电子产品设备的标配。目前"蓝牙"技术包含三种模式，分别为经典蓝牙、蓝牙 Mesh 以及低功耗蓝牙。经典蓝牙和蓝牙 Mesh 主要运用于耳机、音箱等需要保证持续连接的场合，而低功耗更加适合间断传输数据且保证设备低功耗运行的情况，其主要应用在可穿戴设备、智能设备、健身设备、蓝牙鼠标键盘等。由于低功耗蓝牙实现成本较低，且在物联网等领域拥有更大发展潜力，其在消费者产品市场的占有份额正逐渐扩大。蓝牙 Mesh 是为了适应物联网的发展要求，借鉴了别的无线通信技术而发展起来的一种基于 BLE 协议的一种应用技术，它可以适用智能家居以及工业物联网等领域。

蓝牙技术的主要应用范围可分为以下几个方面，一是提供位置服务，例如蓝牙室内导航（IPS）、蓝牙 Tags 等；二是进行数据的传输，如智能硬件、蓝牙键盘鼠标等；三是设备的网络构建，有工业自动化控制、Mesh 组网控制系统等，它是基于低功耗蓝牙和蓝牙 Mesh 组网技术来实现的；四是音频的传输，有语音控制、呼叫、音视频的播放等。

随着蓝牙技术抗干扰能力和传输距离的加强，其优势将会得到更大程度的发挥，其有可能成为未来几年物联网爆发式增长的重要技术中坚。

7.2.8　学习小结

在这节我们完成了 Blank of white——情感花台的设计与制作，通过蓝牙控制模块技术和 Arduino 智能控制的结合案例来学习 Arduino 的各种视觉创意，也能够让同学们感受到 Arduino 技术和其他技术之间的综合运用能力。

7.2.9　课后思考

通过对本节的学习，请同学们思考一下在产品设计中还可以运用那些技术和 Arduino 技术相结合使用？

7.3　稻香——香熏灯设计

7.3.1　创作灵感

泥土被水泥取代、星空被灯光取代、大自然的声音被机器轰鸣掩盖，信息化和城市化给我们的生活带来便利的同时，田园生活逐渐消失了，但是无法阻挡城市中的人对田园生活的怀念和向往。本节通过香熏灯的设计，让身在樊笼的人们也能感受到田园生活的温馨和惬意，帮助他们感知和发掘平淡生活中细碎的美好，给身心疲惫的城市人一丝安慰和温暖。

7.3.2　技术方案

香熏灯的设计分内部结构和智能控制两部分。

内部结构：将大片稻田的田园风光模拟到扩散香气装置上，通过日出日落对扩散香气时间进行计时。稻田的霓虹灯在夜间闪烁，风扇吹动柳絮在水晶球中纷飞，香气通过装置的在清风中的摇动散发开来。结构图如下图 7-8 所示。

图 7-8　香薰灯结构图

智能控制：通过 Arduino 控制 LED 灯、风扇与舵机，智能控制部分如图 7-9 所示。

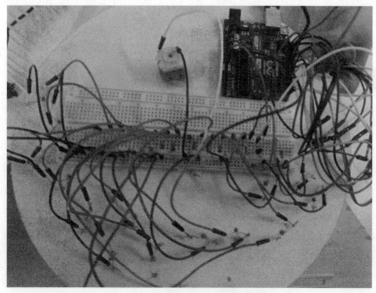

图 7-9　香薰灯智能控制装置图

7.3.3　硬件材料表

香薰灯所需元器件清单如表 7-3 所示，通过 Arduino 开发板连接控制，通过电源模块供电带动舵机转动从而使得太阳进行旋转运动，同时 LED 灯开始闪烁，数码管显示时间，风扇也开始转动。

表 7-3　稻香——香熏灯设计元器件清单

序　号	名　称	数　量
1	Arduino Uno3 开发板	1
2	电源模块	1
3	风扇	1
4	舵机 SG90	1
5	电阻 R=330Ω	23
6	LED 灯	16
7	四位数码管	1

7.3.4　程序设计

稻香——香熏灯的程序代码如下所示，通过舵机的转动带动太阳模型的转动，太阳模型内数码管开始显示时间，同时 LED 灯闪烁和风扇转动。

```
#include <Servo.h>
Servo servo_pin_1;
int a=0, x, y, z, s, j=0;
void d1 ( ) ;
void d2 ( ) ;
void d3 ( ) ;
void d4 ( ) ;
void c ( ) ;
void c0 ( ) ;
void c1 ( ) ;
void c2 ( ) ;
void c3 ( ) ;
void c4 ( ) ;
void c5 ( ) ;
void c6 ( ) ;
void c7 ( ) ;
void c8 ( ) ;
void c9 ( ) ;
void 11 ( ) ;
void 12 ( ) ;
void 13 ( ) ;
void 14 ( ) ;

void setup ( )
{
```

```
    pinMode ( 1 , OUTPUT ) ;
    pinMode ( 2 , OUTPUT ) ;
    pinMode ( 3 , OUTPUT ) ;
    pinMode ( 4 , OUTPUT ) ;
    pinMode ( 5 , OUTPUT ) ;
    pinMode ( 6 , OUTPUT ) ;
    pinMode ( 7 , OUTPUT ) ;
    pinMode ( 8 , OUTPUT ) ;
    pinMode ( 9 , OUTPUT ) ;
    pinMode ( 10 , OUTPUT ) ;
    pinMode ( 11 , OUTPUT ) ;
    pinMode ( 12 , OUTPUT ) ;
    pinMode ( 13 , OUTPUT ) ;
    servo_pin_1.attach ( 0 ) ;
}

void loop ( )
{
  digitalWrite ( 1, LOW ) ;
  a=a+1;
  x= ( a/60 ) /10;
  y= ( a/60 ) %10;
  z= ( a%60 ) /10;
  s= ( a%60 ) %10;
  if ( j<=90 )
  {
    j=j+10;
  }
  else j=j-90;
  for ( int i=0;i<=100;i++ )
  {
    l1 ( ) ;
    d1 ( ) ;
    delay ( 2 ) ;
    l2 ( ) ;
    d2 ( ) ;
    delay ( 2 ) ;
    c ( ) ;
    delay ( 2 ) ;
    l3 ( ) ;
    d3 ( ) ;
    delay ( 2 ) ;
    l4 ( ) ;
    d4 ( ) ;
    delay ( 2 ) ;
  }
```

```
  servo_pin_1.write ( j ) ;
}

void c ( )
{
  digitalWrite ( 2 , LOW ) ;
  digitalWrite ( 3 , LOW ) ;
  digitalWrite ( 4 , HIGH ) ;
  digitalWrite ( 5 , LOW ) ;
  digitalWrite ( 6 , LOW ) ;
  digitalWrite ( 8 , LOW ) ;
  digitalWrite ( 11 , LOW ) ;
  digitalWrite ( 12 , LOW ) ;
}

void c0 ( )
{
  digitalWrite ( 2 , HIGH ) ;
  digitalWrite ( 3 , HIGH ) ;
  digitalWrite ( 4 , LOW ) ;
  digitalWrite ( 5 , HIGH ) ;
  digitalWrite ( 6 , LOW ) ;
  digitalWrite ( 8 , HIGH ) ;
  digitalWrite ( 11 , HIGH ) ;
  digitalWrite ( 12 , HIGH ) ;
}

void c1 ( )
{
  digitalWrite ( 2 , LOW ) ;
  digitalWrite ( 3 , LOW ) ;
  digitalWrite ( 4 , LOW ) ;
  digitalWrite ( 5 , HIGH ) ;
  digitalWrite ( 6 , LOW ) ;
  digitalWrite ( 8 , HIGH ) ;
  digitalWrite ( 11 , LOW ) ;
  digitalWrite ( 12 , LOW ) ;
}

void c2 ( )
{
  digitalWrite ( 2 , HIGH ) ;
  digitalWrite ( 3 , HIGH ) ;
  digitalWrite ( 4 , LOW ) ;
  digitalWrite ( 5 , LOW ) ;
  digitalWrite ( 6 , HIGH ) ;
```

```
  digitalWrite ( 8 , HIGH );
  digitalWrite ( 11 , LOW );
  digitalWrite ( 12 , HIGH );
}

void c3 ( )
{
  digitalWrite ( 2 , LOW );
  digitalWrite ( 3 , HIGH );
  digitalWrite ( 4 , LOW );
  digitalWrite ( 5 , HIGH );
  digitalWrite ( 6 , HIGH );
  digitalWrite ( 8 , HIGH );
  digitalWrite ( 11 , LOW );
  digitalWrite ( 12 , HIGH );
}

void c4 ( )
{
  digitalWrite ( 2 , LOW );
  digitalWrite ( 3 , LOW );
  digitalWrite ( 4 , LOW );
  digitalWrite ( 5 , HIGH );
  digitalWrite ( 6 , HIGH );
  digitalWrite ( 8 , HIGH );
  digitalWrite ( 11 , HIGH );
  digitalWrite ( 12 , LOW );
}

void c5 ( )
{
  digitalWrite ( 2 , LOW );
  digitalWrite ( 3 , HIGH );
  digitalWrite ( 4 , LOW );
  digitalWrite ( 5 , HIGH );
  digitalWrite ( 6 , HIGH );
  digitalWrite ( 8 , LOW );
  digitalWrite ( 11 , HIGH );
  digitalWrite ( 12 , HIGH );
}

void c6 ( )
{
  digitalWrite ( 2 , HIGH );
  digitalWrite ( 3 , HIGH );
  digitalWrite ( 4 , LOW );
  digitalWrite ( 5 , HIGH );
  digitalWrite ( 6 , HIGH );
```

```
  digitalWrite ( 8 , LOW ) ;
  digitalWrite ( 11 , HIGH ) ;
  digitalWrite ( 12 , HIGH ) ;
}

void c7 ( )
{
  digitalWrite ( 2 , LOW ) ;
  digitalWrite ( 3 , LOW ) ;
  digitalWrite ( 4 , LOW ) ;
  digitalWrite ( 5 , HIGH ) ;
  digitalWrite ( 6 , LOW ) ;
  digitalWrite ( 8 , HIGH ) ;
  digitalWrite ( 11 , LOW ) ;
  digitalWrite ( 12 , HIGH ) ;
}

void c8 ( )
{
  digitalWrite ( 2 , HIGH ) ;
  digitalWrite ( 3 , HIGH ) ;
  digitalWrite ( 4 , LOW ) ;
  digitalWrite ( 5 , HIGH ) ;
  digitalWrite ( 6 , HIGH ) ;
  digitalWrite ( 8 , HIGH ) ;
  digitalWrite ( 11 , HIGH ) ;
  digitalWrite ( 12 , HIGH ) ;
}

void c9 ( )
{
  digitalWrite ( 2 , LOW ) ;
  digitalWrite ( 3 , HIGH ) ;
  digitalWrite ( 4 , LOW ) ;
  digitalWrite ( 5 , HIGH ) ;
  digitalWrite ( 6 , HIGH ) ;
  digitalWrite ( 8 , HIGH ) ;
  digitalWrite ( 11 , HIGH ) ;
  digitalWrite ( 12 , HIGH ) ;
}

void d1 ( )
{
  if ( x==1 )
  {
    c1 ( ) ;
  }
```

```
    else if (x==2)
    {
      c2 ( ) ;
    }
    else if (x==3)
    {
      c3 ( ) ;
    }
    else if (x==4)
    {
      c4 ( ) ;
    }
    else if (x==5)
    {
      c5 ( ) ;
    }
    else if (x==6)
    {
      c6 ( ) ;
    }
    else if (x==7)
    {
      c7 ( ) ;
    }
    else if (x==8)
    {
      c8 ( ) ;
    }
    else if (x==9)
    {
      c9 ( ) ;
    }
    else if (x==0)
    {
      c0 ( ) ;
    }
}

void d2 ( )
{
  if (y==1)
  {
    c1 ( ) ;
  }
  if (y==2)
  {
```

```
      c2 ( ) ;
    }
    if ( y==3 )
    {
      c3 ( ) ;
    }
    if ( y==4 )
    {
      c4 ( ) ;
    }
    if ( y==5 )
    {
      c5 ( ) ;
    }
    if ( y==6 )
    {
      c6 ( ) ;
    }
    if ( y==7 )
    {
      c7 ( ) ;
    }
    if ( y==8 )
    {
      c8 ( ) ;
    }
    if ( y==9 )
    {
      c9 ( ) ;
    }
    if ( y==0 )
    {
      c0 ( ) ;
    }
}

void d3 ( )
{
    if ( z==1 )
    {
      c1 ( ) ;
    }
    if ( z==2 )
    {
      c2 ( ) ;
    }
```

```
if ( z==3 )
{
  c3 ( ) ;
}
if ( z==4 )
{
  c4 ( ) ;
}
if ( z==5 )
{
  c5 ( ) ;
}
if ( z==6 )
{
  c6 ( ) ;
}
if ( z==7 )
{
  c7 ( ) ;
}
if ( z==8 )
{
  c8 ( ) ;
}
if ( z==9 )
{
  c9 ( ) ;
}
if ( z==0 )
{
  c0 ( ) ;
}
}

void d4 ( )
{
  if ( s==1 )
  {
    c1 ( ) ;
  }
  if ( s==2 )
  {
    c2 ( ) ;
  }
  if ( s==3 )
  {
```

```
    c3 ( ) ;
  }
  if ( s==4 )
  {
    c4 ( ) ;
  }
  if ( s==5 )
  {
    c5 ( ) ;
  }
  if ( s==6 )
  {
    c6 ( ) ;
  }
  if ( s==7 )
  {
    c7 ( ) ;
  }
  if ( s==8 )
  {
    c8 ( ) ;
  }
  if ( s==9 )
  {
    c9 ( ) ;
  }
  if ( s==0 )
  {
    c0 ( ) ;
  }
}

void 11 ( )
{
  digitalWrite ( 7 , HIGH ) ;
  digitalWrite ( 9 , HIGH ) ;
  digitalWrite ( 10 , HIGH ) ;
  digitalWrite ( 13 , LOW ) ;
}

void 12 ( )
{
  digitalWrite ( 7 , HIGH ) ;
  digitalWrite ( 9 , HIGH ) ;
  digitalWrite ( 10 , LOW ) ;
  digitalWrite ( 13 , HIGH ) ;
```

```
}

void l3 ( )
{
  digitalWrite ( 7 , HIGH );
  digitalWrite ( 9 , LOW );
  digitalWrite ( 10 , HIGH );
  digitalWrite ( 13 , HIGH );
}

void l4 ( )
{
  digitalWrite ( 7 , LOW );
  digitalWrite ( 9 , HIGH );
  digitalWrite ( 10 , HIGH );
  digitalWrite ( 13 , HIGH );
}
```

7.3.5 实物模型图

本节设计的稻香——香薰灯的最终实物模型图如图 7-10 所示，通过实验验证，此款稻香——香薰灯的设计能完成香气扩散，扩散计时功能。通过舵机转动太阳升起，同时四位数码管开始计时，风扇模块让水晶球内产生柳絮纷飞的效果。

  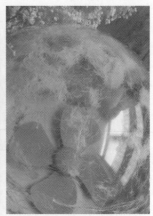

图 7-10　稻香——香薰灯实物模型图

7.3.6　实践验证

本小节香薰灯设计案例的 Arduino 智能控制实践演示过程可通过链接或二维码进行观看。

视频链接：https://j.youzan.com/ma3ntB

扫码观看

7.3.7　视野拓展

仿生设计作为一种将艺术与科学相结合的方法，已被广泛应用于产品设计当中，它是在仿生学和设计学的基础上发展起来的一门新兴边缘学科。从人性化的角度来看，它是一种物质和精神层面的设计融合与创新，人们长时间对大自然生物进行观察学习，对大自然的形态特征和功能结构进行优化升级，并将其运用在工业产品设计中。在产品设计中要考虑的因素很多，有色彩、形态、功能、结构等方面，而在产品进行仿生设计时主要以自然界事物的形态、色彩、声音、结构等为研究对象，再根据产品本身的需要进行改良或者创新设计。

仿生设计在产品设计中主要包括以下几个方面：一是对自然界中万事万物形态的仿生，其主要有具象形态的仿生、抽象形态的仿生以及喻象形态的仿生三种方式。具象形态的仿生设计以研究自然对象的外观形态为主，这种仿生方式可以很直观的呈现出仿生对象的形态特征，设计出来的产品很容易被用户理解，具有很好的自然性和亲和力，通常在玩具、工艺品及日用品等产品的应用上比较多。抽象形态和喻象形态的仿生则是从具体的自然物对象出发，将其形态进行科学的研究和分析，最终得出具有自然物生物优势的抽象外观形态，以达到其设计的目的。如 1933 年德国的波尔舍博士设计了一种类似甲壳虫外形的汽车，其最大限度地发挥了甲壳虫形的长处，使其成为同类车中之王，"甲壳虫"也成为该车的代名词；二是对自然物功能和结构上仿生设计，功能仿生主要从自然物外观形态的功能出发，去研究其在自然界生存所起到的作用，并得出其作用原理，再将其运用到产品当中去的一种设计方法。而同样对于结构的仿生也是如此，只不过在结构方面更加侧重其力学结构和生物体的组织构造，从而为产品的设计寻找到一个稳定、强度高、节省材料的结构体，仿生设计在结构和功能上的仿生为航空航天做出了巨大的贡献；三是材料和色彩上的仿生设计，自然界的材料和色彩多种多样，现代产品中的色彩大部分都来源于大自然，以此达到一种与自然和谐协调的状态。在材料上的仿生则主要以自然界现有的材料为基础研究出更适合于产品使用的材料。

产品的仿生设计从形态、功能等方面的仿生很少见，其更多的是对大自然界万事万物的元素进行综合设计，以此达到最优解，并综合科学和艺术的手法，在设计中去体现自然界的和谐，同时也体现人的神情与自然万物的气韵。

7.3.8 学习小结

本小节我们利用田园风光的意境和 Arduino 智能控制平台来设计香薰灯，来唤醒城市人内心深处对于田园生活的渴望和向往，满足他们从视觉、嗅觉、触觉上对于田园生活的想象，一定程度上缓解了为生活奔波劳碌的人们内心的疲惫和孤独，给繁忙的城市人带来心灵归属感。

7.3.9 课后思考

请同学们在课后尝试从仿生设计的喻象仿生方面去思考一下利用 Arduino 还可以设计那些产品，所提取自然物的元素是什么？

7.4 山水观景

7.4.1 创作灵感

这款产品设计以"纵情山水"为设计灵感，让在工作的人也可以看到外面的山水景色，陶冶自己的情操，感受生活中的美好。

7.4.2 技术方案

山水观景摆件分为内部结构和智能控制两部分，智能控制图如图 7-11 所示。

内部结构：装置外观是一个山水小亭子以及山体，在小亭子内部装有 LED 灯，在山体后方有水泵负责抽水。

智能控制：通过程序控制水泵抽水以及 LED 灯闪烁、音乐模块发光发声。

图 7-11 山水观景智能控制图

7.4.3 硬件材料表

山水景观设计所需元器件清单如表 7-4 所示，将程序上载至 Arduino Uno3 开发板，水泵将水抽起并顺畅流出，营造出喷泉。红外线控制器控制 LED 灯以三种颜色亮起并且不同颜色能够混合，电压器能够控制灯光的亮度，音乐播放器能够播放音乐。

表 7-4　山水观景元器件清单

序　号	名　　称	数　　量
1	Arduino Uno3 开发板	1
2	水泵	1
3	LED 灯	3
4	红外线控制器	1
5	音乐模块	1

7.4.4 程序设计

```
int sensorPin = AO: // 设置模拟口 A0 为信号输入端
int zlhPin = 8; // 设置继电器控制引脚为 8
int sensorValue =0: // 存放模拟信号量的变量
void setup
( ) {
    pinMode ( zlhPin, OUTPUT ) ; // 设置对应的引脚为输出
    Seri al. begin ( 9600 ) : // 初始化串口波特率 9600
    void loop ( ) {
    sensorValue = analogRead ( sensorPin ) ;
    f ( sensorValue<700 ) // 当读取的值小于 700 时, 启动
    di gi talWrite ( zlhPin, HIGH ) ;
}else
{
    digitalrite ( zlhPin, Low ) ;
    Serial. println ( sensorValue ) ;
    delay ( 100 ) ;
}
```

7.4.5　实物模型

本节设计的山水观景实物模型如图 7-12 所示,将传统山水景观与 Arduino 技术相结合,通过灯光和音乐的结合使之呈现新的交互方式。

图 7-12　山水景视实物模型图

7.4.6　实践验证

本小节山水观景摆件装置设计案例的演示过程可通过链接或二维码进行观看。

视频链接:https://j.youzan.com/9o-ntB

扫码观看

7.4.7 视野拓展

生态缸

生态缸是指在隔绝物质交换的空间内，构建成一个完整的人工微型生态系统。其中包含生物成分和非生物成分，以及足够的空气。形成一个完整的食物链，能够在其中进行物质的循环和能量的流动，且在一定时期内保持稳定。生态缸的创意来源人们常见的有山有水的自然景观，将这种自然的景观浓缩在一个生态缸系统中，从而达到美化周围的环境的目的。

在自然界中，生态循环是指由多个作用共同完成的整个循环，除了硝化作用外，还有着氨化作用和反硝化作用。所以，在搭建生态缸的时候，虽然重点是在硝化作用，但是其他两种作用也是存在的，尤其是氨化作用，是必不可少的，它是硝化作用能够发生的前提。氨化作用是硝化作用的前提，所以建立硝化系统的时候，其实首先要建立的是氨化系统。指的就是生物排泄物等有机物在异养菌的作用下，分解并产生氨的过程。

本章节中的山水观景和生态缸的目的是一样的。都是将山水景色变成在人身边的周围环境，让人更加心旷神怡，能够有更好的学习态度和积极向上的人生观。山水观景即是生态缸的另一种形态。主要是提升室内居住的环境。让人有更加快乐的生活情趣。

7.4.8 学习小结

本小节我们完成了山水观景的制作，当我们打开开关，水泵将水抽起并顺畅流出营造出喷泉，红外线控制器控制 RGB 灯亮出三种颜色并且不同颜色能够混合，音乐播放器也开始播放音乐。

7.4.9 课后思考

人一生中总会面临大大小小的压力，当你面临这些压力的时候，你会选择怎样去释放呢？请你利用 Arduino 进行一个产品的设计。

7.5　复古街机设计

7.5.1　创作灵感

80、90 后的都已经长大，他们的信息娱乐方式已从当初的纸牌、掌机、小霸王等转变到手机上，通过这个设计我们将 20 世纪的掌机带回到生活中，不仅作为游戏机，也能作为他们回忆的源点。

7.5.2　技术方案

复古街机设计分为内部结构和智能控制两部分。

内部结构：外部造型采用黑白掌机造型，置入 Arduino 智能控制部件，如图 7-13 所示。

图 7-13　复古街机造型设计图

智能控制：利用 Arduino 开发板及 LED 屏幕等进行智能控制，如图 7-14 所示。

图 7-14 复古街机智能控制图

7.5.3 硬件材料表

将程序上载至 Arduino Uno3 开发板，利用按钮进行控制，使用 LED 屏幕显示游戏内容。元器件清单见表 7-5。

表 7-5 复古街机元器件清单

序 号	名 称	数 量
1	Arduino Uno3 开发板	1
2	LCD1602 液晶显示屏	1
3	按钮	1
4	面包板	1

7.5.4 程序设计

复古街机设计智能控制 Arduino 程序如下所示。

```
#include <SPI.h>
#include <Wire.h>
#include <Adafruit_GFX.h>
#include <Adafruit_SSD1306.h>
#include <Fonts/FreeSans9pt7b.h>
#include <Fonts/FreeSans12pt7b.h>
#define OLED_RESET 4
Adafruit_SSD1306 display(OLED_RESET);
```

```
    const int c = 261;
    const int d = 294;
    const int e = 329;
    const int f = 349;
    const int g = 391;
    const int gS = 415;
    const int a = 440;
    const int aS = 455;
    const int b = 466;
    const int cH = 523;
    const int cSH = 554;
    const int dH = 587;
    const int dSH = 622;
    const int eH = 659;
    const int fH = 698;
    const int fSH = 740;
    const int gH = 784;
    const int gSH = 830;
    const int aH = 880;
const unsigned char PROGMEM dioda16 [] = {
0x00, 0x00, 0x00, 0x00, 0x1C, 0x00, 0x3F, 0xF0, 0x3C, 0x00, 0x3C, 0x00,
0xFF, 0x00, 0x7F, 0xFF,
0x7F, 0xFF, 0xFF, 0x00, 0x3C, 0x00, 0x3C, 0x00, 0x1F, 0xF0, 0x1C, 0x00,
0x00, 0x00, 0x00, 0x00
};

void setup ( )
{
    pinMode ( 3, INPUT_PULLUP ) ;
pinMode ( 12, INPUT_PULLUP ) ;
pinMode ( 11, INPUT_PULLUP ) ;
    display.begin ( SSD1306_SWITCHCAPVCC, 0x3C ) ;
    display.display ( ) ;
    display.clearDisplay ( ) ;
display.setTextSize ( 0 ) ;
    display.drawBitmap ( 6, 11, storm, 48, 48, 1 ) ;
    display.setFont ( &FreeSans9pt7b ) ;
    display.setTextColor ( WHITE ) ;
    display.setCursor ( 65, 14 ) ;
    display.println ( "SL " ) ;
    display.setFont ( ) ;

    if ( zivoti==0 )
ry=0;
rx2=95;
ry2=0;
rx3=95;
ry3=0;
```

```
bodovi=0;

brzina=3; //brizna neprijateljevog metka
bkugle=1;
najmanja=600;
najveca=1200;
promjer=12;

rx4=95;
ry4=0;
zivoti=5;
poc=0;
ispaljeno=0;
nivo=1;
pocetno=0;
odabrano=0;
trenutno=0;
nivovrije=0;
    }
long readVcc ( ) {
  // Read 1.1V reference against AVcc
  // set the reference to Vcc and the measurement to the internal
  1.1V reference
  #if defined (__AVR_ATmega32U4__) || defined (__AVR_ATmega1280__) || defined
    (__AVR_ATmega2560__)
    ADMUX = _BV (REFS0) | _BV (MUX4) | _BV (MUX3) | _BV (MUX2) | _BV (MUX1);
  #elif defined (__AVR_ATtiny24__) || defined (__AVR_ATtiny44__) || defined
    (__AVR_ATtiny84__)
    ADMUX = _BV (MUX5) | _BV (MUX0);
  #elif defined (__AVR_ATtiny25__) || defined (__AVR_ATtiny45__) || defined
    (__AVR_ATtiny85__)
    ADMUX = _BV (MUX3) | _BV (MUX2);
  #else
    ADMUX = _BV (REFS0) | _BV (MUX3) | _BV (MUX2) | _BV (MUX1);
  #endif

  delay (2); // Wait for Vref to settle
  ADCSRA |= _BV (ADSC); // Start conversion
  while (bit_is_set (ADCSRA, ADSC)); // measuring

  uint8_t low  = ADCL; // must read ADCL first - it then locks ADCH
  uint8_t high = ADCH; // unlocks both

  long result = (high<<8) | low;

  result = 1125300L / result; // Calculate Vcc (in mV); 1125300 =
    1.1*1023*1000
  return result; // Vcc in millivolts
```

```
}

void beep(int note, int duration)
{
  //Play tone on buzzerPin
  tone(9, note, duration);

    delay(duration);

  noTone(9);

  delay(50);

}
```

7.5.5　实物模型图

本节设计的复古街机实物模型图如图 7-15 所示，通过使用 Arduino 智能控制平台来实现 20 世纪复古街机的功能，经过实物模型制作验证，可以达到预期目的。

图 7-15　复古街机实物模型图

7.5.6　实践验证

本小节复古街机设计案例的 Arduino 智能控制实践演示过程可通过链接或二维码进行观看。

视频链接：https://j.youzan.com/VsbntB

扫码观看

7.5.7 视野拓展

色彩的视觉心理基础知识

上色彩的冷暖感是没有温度差的，不过是人们的视觉色彩引起的心理联想。例如暖色，当人们看到红、橙、黄、红紫等颜色时，会立即想到太阳、大火、血等物体，并会有一种很温暖的感觉。当你看到蓝色、蓝紫色、蓝绿色等颜色时，就会很容易联想到空间、雪、冰、海洋等物体，从而就有冷漠、理性、冷静等感觉。

当你在生活中感到温暖的时候，就会受到外界环境的影响。例如，当你烘烤时，你会感到温暖。是因为此时烘烤的热量通过空气传递给你。通过能量的传递，你可以在生活中获得温暖的感觉。

色彩的心理同样影响对重量感知。对于同一个物体，浅色会有轻的感觉，深色会有重的感觉。当明度与颜色相同时，颜色纯度对重量也有影响，颜色纯度越高，重量感越强。

颜色也是有硬度的，当然，这不是靠触摸来去体验到的，而是靠视觉来体验的。柔和的颜色是明亮的灰色，黑色很难触及。这和浅色常给人以柔和的视觉体验，深色常给人以强烈的视觉体验。

色彩在心理也给人们远近的感觉，物体在同一位置上，由于颜色的不同，人们会感到他们的距离也不同。感觉向前的颜色叫前进色，感觉向后的颜色叫后退色。一些颜色，如红、橙、黄等暖色，会让人感觉更亲近，反过来像蓝色和其他冷色，就让人感觉更遥远。研究发现，当冷色和暖色放在相同的距离时，感觉冷色离我们的距离更远。相对来说，暖色的视觉感觉是向前的，而冷色的视觉感觉是向后的。

颜色对物体的扩张和收缩也有心理暗示。对于同样大小的物体，浅色的会更先大，深色的看起来更小，因此，颜色也会影响物体在人印象中的大小。有些颜色使物体看起来更大的叫作扩展色，使物体看起来更小的颜色叫作收缩色。除了暖色和冷色，不同的颜色带来不同的视觉体积。

7.5.8　学习小结

本小节我们完成了复古街机的制作。通过对 20 世纪街机的使用过程分析再结合现有 Arduino 平台设计出了新的街机，让同学们学习到了如何使用新技术改进设计旧产品。

7.5.9　课后思考

请同学们根据本节内容思考利用 Arduino 平台对以前的旧产品进行改进，设计一款新产品，同时思考色彩在其中起到何种作用。

7.6　纸雕灯设计

7.6.1　创作灵感

此产品是一款纸雕灯，特点是它结合了中国传统文化，如乾隆时期的作品和中国传统水墨画，利用纸质材料的透光性和容易造型的特点来构成作品。不同数量的纸的重叠出现的明暗效果是不同的，根据这一特性，进行草图的设计。可以选取废弃的纸质产品，以此达到了环保的效果。通过调节不同的光源亮度及色彩，让产品更加具有意境，配合着音乐，即美观又实用。

7.6.2 技术方案

纸雕灯制作过程分为内部结构和智能控制两部分。

内部结构: 纸雕灯由 Arduino Uno3 开发板、LED 灯、按钮以及电位器构成,内部结构部分如图 7-16 所示。

图 7-16 纸雕灯内部结构图

智能控制: 通过不同的按钮来实现不同颜色的灯光,同时利用电位器来控制亮度大小,智能控制电路接线图如图 7-17 所示。

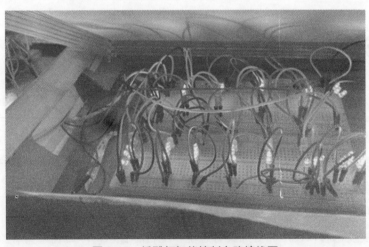

图 7-17 纸雕灯智能控制电路接线图

7.6.3　硬件材料表

纸雕灯所需元器件清单如表 7-6 所示，通过不同的按钮来控制不同颜色的 LED 灯，同时调节电位器来控制 LED 灯的亮度。

表 7-6　纸雕灯元器件清单

序　号	名　　称	数　量
1	Arduino Uno3 开发板	1
2	LED 灯	若干
3	按钮	若干
4	滑动变阻器	1

7.6.4　程序设计

```
#include <Servo.h>
int_ ABVAR_ 1_ code = 0;
Servo servo_ _pin_ 7;
Servo servo_ _pin_ _8;

void setup ( )
{
    Serial.begin (9600);
    servo_ pin_ 7. attach (7);
    servo_ pin_ 8. attach (8);
}
void loop ( )
{
    _ABVAR_ 1_ code = Serial, parseInt ( );
    if ((( _ ABVAR_ 1_ code) == (1)))
    {
        servo_ pin_ 7. write (80);
        servo_ pin_ 8. write (100);
    }
    if (( _ ABVAR_ 1 code) == (2)))
    {
        servo_ pin_ 7. write (100);
        servo_ pin_ 8. write ( -70);
    }
    if ((( _ ABVAR_ 1 code) == (5)))
    {
        servo_ pin_ 7. write (90);
```

```
          servo_ pin_ _8. write（90）；
          }
  }
```

7.6.5　实物模型图

本小节设计的纸雕灯如图 7-18 所示，通过 Arduino 平台来控制红黄绿三种 LED 灯及灯带，并使用电位器来调节灯光的亮暗。

图 7-18　趣味桌面摆件模型图

7.6.6　实践验证

本小节纸雕灯设计案例的 Arduino 智能控制实践演示过程可通过链接或二维码进行观看。

视频链接：https://j.youzan.com/q3AntB

扫码观看

7.6.7　视野拓展

纸雕设计目前出现三大主流流派，分别是立体派、实验派和刻板纸雕。

纸雕一般由手工扎做而成，如今仍然是立体插图行业的尖兵。其中，刻板纸雕自成一家，吸收了版画和工笔画的特点，在内容和题材上不断地创新。刻板纸雕以中国时事、山水、人物为主要创作题材，在选材和创作工艺上面始终是与时代同步的。

7.6.8　学习小结

本小节我们完成了纸雕灯的制作。在此过程中，我们了解了它的结构组成以及运行原理，通过利用小灯泡、电位器、超声波、蜂鸣器、按钮五个方面来达到效果，从而提供一个更具有生活情趣的环境。

7.6.9　课后思考

很多产品不仅需要功能强大，还需要带给人情感上的体验，正如本节课所讲，请运用 Arduino 设计一款类似产品。

7.7　圣诞树

7.7.1　创作灵感

此产品是一款智能圣诞树，制作这款智能圣诞树灵感来自旋转木马音乐盒和跑马灯，让它可以在美轮美奂的同时还能播放音乐。通过超声波传感器感受到人的靠近，LED 灯依次亮起，同时响起圣诞歌曲，让整个房间都充满圣诞节日的氛围。

7.7.2　技术方案

圣诞树的制作过程分为内部结构和智能控制两部分，内部结构及控制部分如图 7-19 所示。

图 7-9　圣诞树智能控制电路接线图

内部结构： 在圣诞树下方装配了超声波传感器、LED 灯和木马音乐盒。

智能控制： 通过超声波传感器感知到前方有人靠近时，LED 灯会依次亮起，并且木马音乐盒随即响起优美的音乐。

7.7.3　硬件材料表

圣诞树所需元器件清单如表 7-7 所示，将程序上载至 Arduino Uno3 开发板，超声波传感器一旦检测到前方有人存在，随即控制 LED 灯亮起，木马音乐盒启动发出优美声音。

表 7-7　圣诞树元器件清单

序　号	名　　称	数　　量
1	Arduino Uno3 开发板	1
2	超声波 HC-SR04	3
3	LED 灯	若干
4	木马音乐盒	1

7.7.4　程序设计

```
#include <Servo.h>
int_ ABVAR_ 1_ code = 0;
Servo servo_ _pin_ 7;
Servo servo_ _pin_ _8;

void setup ( )
{
    Serial.begin ( 9600 ) ;
    servo_ pin_ 7. attach ( 7 ) ;
    servo_ pin_ 8. attach ( 8 ) ;
}
void loop ( ) v
37755555555555555555555555555555555555555555555555555
{
    _ABVAR_ 1_ code = Serial, parseInt ( ) ;
    if ((( _ ABVAR_ 1_ code ) == ( 1 )))
    {
        servo_ pin_ 7. write ( 80 ) ;
        servo_ pin_ 8. write ( 100 ) ;
    }
    if (( _ ABVAR_ 1 code ) == ( 2 )))
    {
        servo_ pin_ 7. write ( 100 ) ;
        servo_ pin_ 8. write ( -70 ) ;
    }
    if ((( _ ABVAR_ 1 code ) == ( 5 )))
    {
        servo_ pin_ 7. write ( 90 ) ;
        servo_ pin_ _8. write ( 90 ) ;
    }
}
```

7.7.5　实物模型图

本小节设计的圣诞树如图 7-20 所示，通过超声波测距模块来控制 LED 灯与木马音乐盒的开关。从而达到人靠近圣诞树，圣诞树发光发声的效果。

图 7-20　圣诞树模型图

7.7.6　实践验证

本小节圣诞树设计案例的 Arduino 智能控制实践演示过程可通过链接或二维码进行观看。

视频链接：https://j.youzan.com/0KKntB

扫码观看

7.7.7　视野拓展

2018 米兰设计周上，宝仕奥莎为大家献上一场"呼吸之光"，为我们点亮这轻盈的梦境。

"呼吸之光"由交互装置和水晶灯组成。每一颗水晶灯都是由艺术工匠师吹制而成，每一道工序都倾注了匠人的心血，每一个细节里透露着作品的精致。当你深吸一口气，长长地吹向这一串串粉色的泡泡灯，它们像是感受到你驱使的魔法，便依次轻轻地亮起，会呼吸的灯光充满着诗意朦胧，将生命注入光明中，与点点灯光翩翩起舞，感受着"十里桃林"的仙气，也体验着现代时尚艺术与科技。

创意总监 Michael Vasku 说："呼吸是诗意，更是标新立异地与载体融会贯通，更能通过此载体与人类体会鱼水之欢。""呼吸之光"为人们带来了一次引人入胜的体验，将生命注入光明中，旋即与周围环境起舞，栩栩如生，惟妙惟肖。

工作原理：通过吹气来控制开关，的确挺有艺术感。这里用到的是声控开关。对着灯具吹气，会产生频率 100Hz 左右的声波，被麦克风转化为电信号，而后经过分频器，成为控制开关模块的信号。如 Playbulb 蜡烛灯有变色和白光的二极管，可以发射的最大亮度为 4 流明的光，跟柔和的烛光差不多。可以单独调整某个 Playbulb 蜡烛灯，也可以成组地调整。虽然技术上一组可以放无数个蜡烛灯，但是 Mipow 建议一组最多放 5 个性能才是最佳的。每一个蜡烛灯大约 240 个小时（如果每天开 4 个小时，可以用 60 天）就需要更换电池，你可以在这个应用程序上设置一个计时器让它自动转换开关功能。

如果你想手动开关，你可以使用内置的开关或者用吹的方法开关。Mipow 想让它的蜡烛灯像真的蜡烛一样。为此，它加入某种奇妙的传感器，非常神奇，你可以像吹平常的蜡烛一样吹灭它。有趣的是，这样还可以让它重新亮起来。

7.7.8 学习小结

本小节我们完成了智能圣诞树的制作。由 LED 跑马灯、光敏电阻、超声波传感器、电机、风扇叶、面包板、Arduino 板组成。当你靠近圣诞树，超声波传感器感受到你的靠近，LED 跑马灯依次亮起、光敏电阻感受到光，另外两组跑马灯依次为你亮起，整个圣诞树也为你亮起。同时，圣诞歌响起，瞬间带你回到圣诞平安夜。

7.7.9　课后思考

如本文中提到的智能圣诞树中 Led 走马灯的应用，还可以应用在什么产品上呢，你还有哪些思路和方法？

7.8　梦幻城堡

7.8.1　创作灵感

事实上，每个女孩都有一个公主梦，想象自己住在美丽的城堡里，头顶皇冠，身着华丽长裙，坐在南瓜车里，等待着王子骑着白马来。本小节以此为灵感并结合 Arduino 平台设计了一款玩具产品。

7.8.2　技术方案

梦幻城堡的制作过程分为内部结构和智能控制两部分，内部结构控制部分如图 7-21 所示。

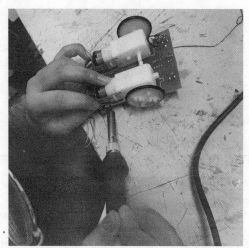

图 7-21　梦幻小车内部结构图

内部结构：城堡由手工纸膜制作，小车由舵机控制。

智能控制: 通过按钮控制舵机的转动, 从而实现按下按钮小车启动的功能, 同时城堡内装有 LED 灯, 会在小车启动时亮起。

7.8.3　硬件材料表

梦幻城堡所需元器件清单如表 7-8 所示。

表 7-8　梦幻城堡元器件清单

序　号	名　称	数　量
1	Arduino Uno3 开发板	1
2	舵机 SG90	2
3	LED 灯	若干

7.8.4　程序设计

```
#include <Servo.h>
int_ ABVAR_ 1_ code = 0;
Servo servo_ _pin_ 7;
Servo servo_ _pin_ _8;

void setup ( )
{
    Serial.begin ( 9600 ) ;
    servo_ pin_ 7. attach ( 7 ) ;
    servo_ pin_ 8. attach ( 8 ) ;
}
void loop ( )
{
    _ABVAR_ 1_ code = Serial, parselnt ( ) ;
    if ((( _ ABVAR_ 1_ code ) == ( 1 )))
    {
        servo_ pin_ 7. write ( 80 ) ;
        servo_ pin_ 8. write ( 100 ) ;
    }
    if (( _ ABVAR_ 1 code ) == ( 2 )))
    {
        servo_ pin_ 7. write ( 100 ) ;
        servo_ pin_ 8. write ( -70 ) ;
    }
    if ((( _ ABVAR_ 1 code ) == ( 5 )))
    {
        servo_ pin_ 7. write ( 90 ) ;
```

```
        servo_ pin_ _8. write(90);
    }
}
```

7.8.5 实物模型图

本小节设计的梦幻城堡模型如图 7-22 所示，通过按钮来实现小车启动与城堡亮起的功能。

图 7-22 梦幻城堡模型图

7.8.6 实践验证

本小节梦幻城堡设计案例的 Arduino 智能控制实践可通过链接或二维码进行观看。

视频链接：https://j.youzan.com/S_5ntB

扫码观看

7.8.7　视野拓展

音乐在情绪调节中的作用浅析

人在生活中总会在一些时候，面对一些事情时情绪低落，打不起精神，或许是工作闲暇之余一个人坐在咖啡厅，或许是下班回家拥堵路上静静地坐在车里，也或许是回到卧室卸下一身"盔甲"躺在床上……这个时候如果耳边轻轻回荡起一首圆舞曲，一天的疲惫和烦心事仿佛都能一扫而空。

音乐是很多人缓解压力，调节情绪最常见也是最有效的方式之一。有研究表明，音乐可以从生物学角度对人类产生积极作用。瑞典哥德堡大学的一项研究发现，长期听音乐能够显著降低皮质醇水平，而皮质醇是人体受压力刺激时大脑释放的一种激素。身体处于高压之下就会产生许多病症，例如压力会使人免疫系统虚弱，对细菌和病毒的抵抗力就会降低，增加疾病感染的风险。还有研究发现，舒缓的音乐可以激活副交感神经系统（负责休息和消化的系统，与情绪有着密切关系，可抑制体内各器官的过度兴奋），这将导致血压和心率的下降，同时促进重要器官的血液流动。令人愉快的音乐也有助于减少身体疼痛和不适的感觉。当然音乐不是治疗某种疾病的灵丹妙药，但它确实是缓解人们日常压力的有效方法。

通过已有的研究成果不难发现，适当的接触音乐确实能够改善心理状态，调节情绪，将音乐融入我们的生活，或许可以提高个人幸福感。每天早上起床，一首振奋人心的歌曲带给你一天的元气满满；工作中需要解决问题时，可以听听古典音乐转换思路；闲暇时间让一曲平静的音乐来缓解压力；情绪低落时，听一首能让你开怀大笑的歌扭转暂时的坏心情等等。总有那么一瞬间，有那么一曲音乐，是如此契合你此刻的心情，它知你心事，懂你感受，如同一位故友，陪在你左右。

7.8.8　学习小结

本小节我们完成了梦幻城堡的制作。在此过程中，我们了解了它的结构组成以及运行原理，通过 Arduino 智能控制模块控制南瓜车和音乐，从而展现一个梦幻的童话故事场景。

7.8.9　课后思考

请同学们根据以上案例，思考一下，如何利用 Arduino 技术来更好地设计南瓜车的行驶轨迹和音乐？

7.9　童话森林

7.9.1　创作灵感

孩子们都喜欢童话，浪漫的灯光、动人的音乐、小红帽、木屋、森林，这些元素都是梦幻童话的象征，本小节案例以森林童话故事为主题，利用 Arduino 的灯光效果来营造一种梦幻氛围，给孩子们的童年提供一个梦幻回忆。

7.9.2　技术方案

童话森林的制作过程分为内部结构和智能控制两部分，智能控制电路接线如图 7-23 所示。

图 7-23　童话森林控制电路接线图

内部结构： 在草坪上种下许多树木，以及众多 LED 灯，在小房子面前布置超声波模块用来检测小红帽的位置。

智能控制： 通过超声波传感器感知小红帽，当小红帽到小屋门口的时候，控制 LED 亮起，同时电位器控制音乐盒响起音乐。

7.9.3 硬件材料表

童话森林所需元器件清单如表 7-9 所示，过超声波传感器感知小红帽，当小红帽到小屋门口的时候，控制 LED 亮起，通过手动调节电位器控制音乐盒响起。

表 7-9 童话森林元器件清单

序　号	名　　称	数　量
1	Arduino Uno3 开发板	1
2	超声波 HC-SR04	1
3	LED 灯	若干
4	滑动变阻器	1
5	音乐播放器	

7.9.4 程序设计

```
#include <Servo.h>
int_ ABVAR_ 1_ code = 0;
Servo servo_ _pin_ 7;
Servo servo_ _pin_ _8;

void setup ( )
{
    Serial.begin ( 9600 ) ;
    servo_ pin_ 7. attach ( 7 ) ;
    servo_ pin_ 8. attach ( 8 ) ;
}
void loop ( )
{
    _ABVAR_ 1_ code = Serial, parseInt ( ) ;
    if ((( _ ABVAR_ 1_ code ) == ( 1 )))
```

```
    {
        servo_ pin_ 7. write (80);
        servo_ pin_ 8. write (100);
    }
    if ((_ ABVAR_ 1 code) == (2)))
    {
        servo_ pin_ 7. write (100);
        servo_ pin_ 8. write ( -70);
    }
    if (((_ ABVAR_ 1 code) == (5)))
    {
        servo_ pin_ 7. write (90);
        servo_ pin_ _8. write (90);
    }
}
```

7.9.5　实物模型图

本小节设计的童话森林图如图 7-24 所示，可以操作小红帽在森林里散步，随着步伐灯渐渐亮起，转动旋钮可以播放音乐，按下按键可以点亮树灯。孩子们可亲自参与到这个梦幻森林里，体会到童话的温暖与美好。

图 7-24　梦幻城堡模型图

7.9.6　实践验证

本小节梦幻城堡设计案例的 Arduino 智能控制实践演示可通过链接或二维码进行观看。

视频链接：https://j.youzan.com/AeMntB

扫码观看

7.9.7　视野拓展

关于儿童玩具设计的几点原则和注意事项

儿童玩具的设计需要考虑到针对儿童的产品设计因素，立足于正确的价值引导，健康的文化输出，倾注更多的爱与尊重，给孩子有趣又益智的玩具体验。儿童玩具设计需要遵从以下几点原则：

（1）安全性。不同年龄段的儿童自我保护能力是有区别的，孩子辨别危险的能力也是有限的，因此硬件产品在设计时必须考虑到产品外形、大小和材料安全性，做好防误吞、防尖锐部致伤等设计。智能玩具还需考虑儿童隐私保护等方面的问题。

（2）趣味性。好奇是孩子的天性，加强产品的趣味性能更好地吸引孩子的注意力。可以通过刻画孩子喜闻乐见的卡通形象角色、增加声光系统、制造神秘感、提高挑战性、制定合理的激励策略等方式引导儿童进行探索，增加吸引力。

（3）引导性。儿童成长过程中，尚未建立完整的人格，对事物的判断控制能力有限。优秀的儿童玩具产品应当引导正确的价值取向，设计过程中要充分考虑孩子的综合能力，允许孩子在探索过程中犯错，保护孩子的好奇心和探索欲，避免让孩子产生挫败感。在操作上可以设置可逆性，针对不同年龄段设计不同的交互精准度要求。

7.9.8　学习小结

本小节完成了童话森林的制作，我们通过 Arduino 智能控制模块操纵小红帽在森林里散步，随着小红帽的移动，灯渐渐亮起，音乐也随之响起。孩子们可亲自参与到这个梦幻森林里，体会到童话的温暖与美好。

7.9.9　课后思考

请同学们根据以上案例，思考一下，Arduino 技术在控制音乐和灯光时如何更好的完成衔接？

7.10　光影精灵

7.10.1　创作灵感

本小节设计了一款中国传统文化中的皮影戏，如图 7-25 所示。灯光效果及八音盒为设计元素的创意灯具，通过将 Arduino 中的 LED 灯光应用到灯具上，用来模拟传统皮影戏的观影效果。现代元素的加入也让灯具变得更加有文化意境和趣味。

图 7-25　光影精灵灵感来源

7.10.2　技术方案

光影精灵的制作过程分为内部结构和智能控制两部分，智能控制部分如图 7-26 所示。

图 7-26　纸雕灯智能控制图

内部结构：光影精灵四周由一圈"屏风"组成，内部由 LED 灯以及超声波测距模块控制，当人靠近光影精灵的时候，LED 灯随即亮起。

智能控制：通过超声波传感器测距，控制装置内部 LED 灯亮起。

7.10.3　硬件材料表

光影精灵所需元器件清单如表 7-10 所示，通过超声波传感器测距，控制装置内部 LED 灯亮起。

表 7-10   光影精灵元器件清单

序　号	名　称	数　量
1	Arduino Uno3 开发板	1
2	超声波测距传感器	1
3	LED 灯	若干

7.10.4　程序设计

```
#include <Servo.h>
int_ ABVAR_ 1_ code = 0;
Servo servo_ _pin_ 7;
Servo servo_ _pin_ _8;

void setup ( )
{
    Serial.begin ( 9600 ) ;
    servo_ pin_ 7. attach ( 7 ) ;
    servo_ pin_ 8. attach ( 8 ) ;
}
void loop ( )
{
    _ABVAR_ 1_ code = Serial, parseInt ( ) ;
    if ((( _ ABVAR_ 1_ code ) == ( 1 )))
    {
        servo_ pin_ 7. write ( 80 ) ;
        servo_ pin_ 8. write ( 100 ) ;
    }
    if (( _ ABVAR_ 1 code ) == ( 2 )))
    {
        servo_ pin_ 7. write ( 100 ) ;
        servo_ pin_ 8. write ( -70 ) ;
    }
    if ((( _ ABVAR_ 1 code ) == ( 5 )))
    {
        servo_ pin_ 7. write ( 90 ) ;
        servo_ pin_ _8. write ( 90 ) ;
    }
}
```

7.10.5　实物模型图

本小节设计的光影精灵如图 7-27 所示，通过超声波测距模块来控制 LED 灯，进而实现灯的开关功能。

图 7-27　光影精灵模型图

7.10.6　实践验证

本小节光影精灵设计案例的 Arduino 智能控制实践演示可通过链接或二维码进行观看。

视频链接：https://j.youzan.com/q2jKtB

扫码观看

7.10.7　视野拓展

皮影戏是中国传统文化中重要的组成部分，俗称"影子戏"或者"灯影戏"，是一种用灯光照射使用牛、羊等兽皮或纸张做成的角色而形成剪影以表演故事的一种民间戏剧。在演出过程中，表演者们通常在白色的幕布后面，操纵戏剧中的角色，并用打击乐器和弦乐伴奏来讲述各种民间故事，所以皮影戏具有浓厚的乡土气息。它的表演者通过在幕后操纵剪影，以演唱或配音来取得和戏台唱戏相似的效果，在我国过去电影、电视等媒体尚不发达的年代，皮影戏在民间娱乐活动中十分受欢迎，丰富了人们的闲余生活。

皮影戏因为道具小、表演方便、不受场地限制、演员不需要正规训练而受到人们的欢迎。在皮影戏流行的地区，人们亲切地称之为"一担挑"艺术。皮影作为我国从古至今的一门传统的艺术，其中蕴含着极为丰富的文化元素，在现代设计中，皮影艺术已被普遍应用于景观设计和平面设计中，并呈现多元化的发展趋势。利用皮影戏中的服装图案等元素进行现代产品设计，给予了现代人们不一样的视觉体验，同时对皮影艺术的再设计也有利于我国的传统文化传承。

7.10.8　学习小结

本节我们完成了光影精灵灯具设计案例的制作，通过将皮影戏、八音盒等传统文化元素与 Arduino 结合运用，利用 LED 和红外灯控制开关等元器件来实现皮影戏的视觉效果，很好地将皮影文化与现代技术结合起来，运用现代技术来进行文化传承。

7.10.9　课后思考

越来越多的传统文化元素已被运用到产品设计当中去，请思考还可以利用 Arduino 开源平台制作哪些文创产品？

第 8 章　产品创新应用案例

本章通过对 10 个各类产品设计应用案例的学习，让同学们不仅掌握 Arduino 平台在产品设计中如何运用，而且了解到更多和 Arduino 结合应用的一些设计理念和方法，下面就让我们进入到本章产品创新应用案例的学习与实战当中，从产品创新的角度去认识 Arduino。

8.1　Doughnut——距离警报器设计

8.1.1　创作灵感

后疫情时代，疫情时起时伏，人与人之间必须注意适当保持安全距离，这样才可以尽可能地保护自己和他人。在没有"一米线"标识的地方，人们可能会难以感知与他人之间的安全距离。针对这个问题，可以设计一种提醒安全距离的装置，以震动、闪烁的方式提醒人们保持安全距离。

8.1.2　技术方案

Doughnut——距离警报器制作过程分为内部结构和智能控制两部分，内部结构部分如图 8-1 所示，智能控制电路接线图如图 8-2 所示。

内部结构：以圆环的外形，将智能控制部分如 Arduino Uno3 开发板、超声波传感器等放入其中。

智能控制：通过超声波距离传感器，控制 LED 灯与蜂鸣器。

图 8-1　Doughnut——距离警报器内部结构

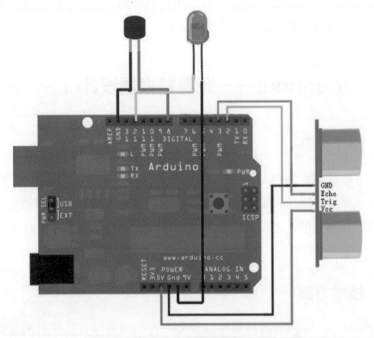

图 8-2　Doughnut 距离报警器电路接线图

8.1.3　硬件材料表

Doughnut——距离警报器所需元器件清单如表 8-1 所示，当超声波测距模块遇到前方有障碍物时，LED 灯和蜂鸣器会一起工作，发声发光。

表 8-1　Doughnut——距离警报器元器件清单

序　号	名　　称	数　量
1	Arduino Uno3 开发板	1
2	电源模块	1
3	超声波 HC-SR04	1
4	LED 灯	1
5	蜂鸣器	1

8.1.4　程序设计

Doughnut——距离警报器的代码如下所示，通过超声波距离传感器检测障碍物距离，在程序中设置距离在 20cm 和 100cm 之间时，控制 LED 灯点亮，并且蜂鸣器发声。

```
const int EchoPin = 3;
int LedPin = 12;
float cm;
void setup ( )
{
    Serial. begin (9600);
    pinMode (TrigPin, 0UTPUT);
    pinMode (EchoPin, IPUT):
    pinMode (8, 0UTPUT);
    pinMode (LedPin, OUTPUT):
}
void loop ( )
{
    digitalWrite (8, LOT);
    digitalTrite (IrigPin, LOT); // 低高低电平发一个短时间脉冲去 TrigPin
    delayMicroseconds (2);
    digitalTrite (TrigPin, HIGH);
    delayMicroseconds (10);
    digitalWrite (IrigPin, LOW):

    cm = pulseIn (EchoPin, HIGH) / 58.0: // 将回波时间换算成 cm
    cm = (int (cm * 100.0)) / 100.0; // 保留两位小数
        if (cm>=20 & cm<=100)
        {digitalWrite (8, HIGH);
        digi talWrite (LedPin, HIGH);}// 在距离范围内亮灯
else{
```

```
        digitalTrite(LedPin, LO7);
        }
}
```

8.1.5　实物模型图

本小节设计的 Doughnut——距离警报器实物模型图如图 8-3 所示，通过实验验证，此款距离警报器能完成小于一米安全距离时进行警报。

图 8-3　Doughnut——距离警报器实物模型图

8.1.6　实践验证

本小节 Doughnut——距离警报器设计案例的 Arduino 智能控制实践演示可通过链接或二维码进行观看。

视频链接：https://j.youzan.com/ICLKtB、https://j.youzan.com/LknKtB

扫码观看　　　　　　　　　　扫码观看

8.1.7 视野拓展

如今对于健康和生活质量的要求变得越来越高，家居产品也更注重舒适感和体验感。人们也希望给自己留一个独有的空间，更多个性化的家居产品设计也随之出现。这也将为家居产品设计带来许多的变化，家居产品的设计也开始突出这一趋势带动消费者进行消费。

8.1.8 学习小结

本小节我们进行了智能距离警报器的设计与制作，通过对超声波距离传感器控制 LED 灯与蜂鸣器元器件实现智能警报的功能。

8.1.9 课后思考

请同学们根据以上案例，思考一下，如何在利用 Arduino 技术来设计更多防范病毒传播的产品？

8.2 情感家居日历设计

8.2.1 创作灵感

人们外出的时候，或多或少会需要时间去寻找自己的钥匙以及随身物品，于是我们打算将日立和放置随身物品的柜台结合起来，去做一个互动性强的情感式的日历，提醒人们出门随身携带的物品，同时给予正能量的反馈，带给人们一天的好心情。

8.2.2 技术方案

情感家居日历设计分内部结构和智能控制两部分。

内部结构： 内部结构是通过舵机的旋转去控制纸轴及日历的旋转，从而使日历成功的传送出来，如图 8-4 所示。

图 8-4　情感家居日历设计结构图

　　智能控制：通过接收超声波传感器的信息控制舵机旋转和蜂鸣器以及 led 灯，如图 8-5 所示。

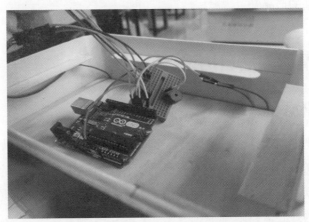

图 8-5　情感家居日历设计智能控制图

8.2.3　硬件材料表

　　情感家具日历所需元器件清单如表 8-2 所示，将程序上载至 Arduino Uno3 开发板，当超声波测距传感器感受到有人来，舵机则会转动将日历纸转出，LED 灯和蜂鸣器同时放光发声。

表 8-2　情感家居日历元器件清单

序　号	名　称	数　量
1	Arduino Uno3 开发板	1
2	超声波 HC-SR04	1
3	LED 灯	1
4	蜂鸣器	1
5	舵机 SG90	1

8.2.4　程序设计

情感家居日历代码如下所示。

```
#include <Servo.h>
int ardublockUltrasonicSensorCodeAutoGeneratedReturnCM(int trigPin,
  int echoPin)
{
  long duration;
  pinMode(trigPin, OUTPUT);
  pinMode(echoPin, INPUT);
  digitalWrite(trigPin, LOW);
  delayMicroseconds(2);
  digitalWrite(trigPin, HIGH);
  delayMicroseconds(20);
  digitalWrite(trigPin, LOW);
  duration = pulseIn(echoPin, HIGH);
  duration = duration / 59;
  if ((duration < 2) || (duration > 300)) return false;
  return duration;
}
int _ABVAR_1_Integer = 0 ;
Servo servo_pin_7;
void setup()
{
  pinMode( 5 , OUTPUT);
  Serial.begin(9600);
  digitalWrite( 2 , LOW );
  servo_pin_7.attach(7);
}
void loop()
{
  Serial.print("message ");
  Serial.print(" ");
```

```
Serial.print ( ardublockUltrasonicSensorCodeAutoGeneratedReturnCM
 ( 2 , 4 ));
Serial.print ( " " );
Serial.println ( );
delay ( 500 );
_ABVAR_1_Integer = ardublockUltrasonicSensorCodeAutoGeneratedReturnCM
 ( 2 , 4 );
if (( ( _ABVAR_1_Integer ) <= ( 10 ) ))
{
  servo_pin_7.write ( 90 );
  digitalWrite ( 5 , LOW );
  noTone ( 6 );
}
else
{
  servo_pin_7.write ( 60 );
  digitalWrite ( 5 , HIGH );
  tone ( 6, 440 );
}
}
```

8.2.5 实物模型图

本节设计的情感家居日历实物模型如图 8-6 所示，通过将打印机和日历的功能组合起来，设计制作出一款能改善人们生活品质的产品。

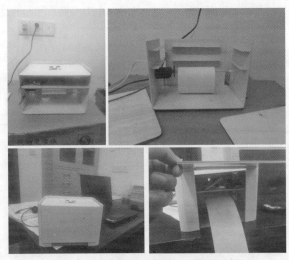

图 8-6 情感家居日历设计实物模型图

8.2.6　实践验证

本小节情感家居日历设计案例的 Arduino 智能控制实践演示可通过链接或二维码进行观看。

视频链接：https://j.youzan.com/sYYKtB

扫码观看

8.2.7　视野拓展

人性化设计是指在满足人们物质需求的基础上去强调人们精神和情感需求的一种设计，它不仅包含了产品在设计中的造型、色彩以及功能的合理搭配运用，而且需要注重产品的安全性与社会性，以及注重人在使用产品时的精神体验感。总之，产品的设计小到家电、服装、碗筷，大到飞机、船舶、工业装备都必须把"人"作为一个首要的条件去考虑。随着产品的结构和功能越来越复杂，提高使用效率和使用方便性成为进行产品设计的任务之一。人性化设计要求设计师在设计产品时需要更加注重人的使用特性，而不是仅仅停留在产品的功能使用方面，需要积极考虑设计的产品在人们的生活过程当中能够发挥何种作用，将人们的社会环境和生活环境同时考虑进去，制造出能更加改善人们生活环境的产品，而不是像过去那样只去重视产品的造型与功能。

目前在产品设计中人性化的设计理念主要体现在以下几个方面：一是产品的设计要有文化内涵、有人情味，要符合时代特征；二是无障碍的产品设计，即无障碍物、无危险物、无操纵障碍的设计，为残疾人群提供特适合的生活器具及环境，使他们在生活上得到照顾，在精神上得到安慰。无障碍设计在人机关系上应该做到更科学、更严谨，设计师要根据不同类型的障碍和情况来差异化细微设计，合理解决他们的特殊问题，体现关爱与帮助，给予他们完整、平等的认同感；三是针对特殊人群的产品设计，包括对老年人的人性化设计、针对儿童的人性化设计、针对女性的人性化设计、对病人的人性化设计等。总的来说，产品的设计应该以满足人类最朴素的情感需求为基础，去提供更好的使用体验，让设计出来的产品能够更好地去服务用户，提升用户生活质量。

8.2.8 学习小结

本小节我们完成了情感家居日历的设计制作，此设计案例将人性化设计的理念融入产品当中，通过对人们日常生活中细节的观察，发现问题，然后通过 Arduino 在产品中的运用去很好地解决问题。另外，本小节的学习也给产品的创新设计提供了不一样的方式。

8.2.9 课后思考

思考一下人性化设计理念还可以在产品设计的哪些方面体现？

8.3 机械玩具小车

8.3.1 创作灵感

在家长看来，一些体型巨大，震耳欲聋的工业机器，充满了危险性，他们认为不是小孩子应该喜欢的"玩具"，但是在孩子看来，这种大型机器往往代表着炫酷、强大，充满力量和科技感，玩具挖掘机对孩子来说便是一个给他们带来快乐的玩具。

本节把蓝牙小车与挖掘机械臂结合，做成了玩具挖掘机。由于孩子天生对于机械装置喜欢的特性，可以此去提高孩子的动手能力，还可以培养孩子的观察力和想象力。

8.3.2　技术方案

机械玩具小车的设计分内部结构和智能控制两部分，如图 8-7 所示。

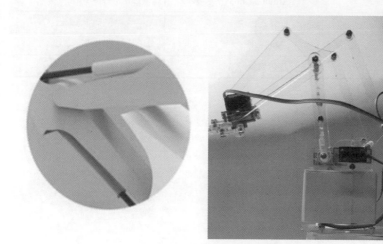

图 8-7　机械玩具小车设计结构图

内部结构：手臂的伸缩和升降运动一般采用直线油（气）缸驱动，或由电机通过丝杆、螺母来实现。手臂的回转运动在转角小于 360°的情况下，通常采用摆动油（气）缸；转角大于 360°的情况下，采用直线油缸通赤齿条、齿轮或链条、链轮来实现。而实现旋转、升降运动是由横臂和产柱去完成。手臂的基本作用是将手爪移动到所需位置和承受爪抓取工件的最大重量，以及手臂本身的重量等。

智能控制：红外传感器检测前方是否有物体，从而传递信号给舵机，舵机控制连接其上的机械臂进行物体的抓取。

8.3.3　硬件材料表

机械玩具小车所需元器件清单如表 8-3 所示，将程序上载至 Arduino Uno3 开发板，通过蓝牙模块控制小车的前进后退，用舵机转动来实现机械臂的上下摆动。

表 8-3　机械玩具小车元器件清单

序　　号	名　　称	数　　量
1	Arduino Uno3 开发板	1
2	红外线模块	1
3	舵机	3
4	蓝牙模块	1

8.3.4　程序设计

机械玩具小车代码如下所示：

```
#include <EEPROM.h>
#include <Servo.h>
#include "QGPArmbot.h "
#include "QGPJoystickB.h "

QGPArmbot arm;
QGPJoystickB joystickB;
void setup()
{
  Serial.begin(9600);
  arm.begin();
  joystickB.begin();
}

void loop()
{
  // Serial.print("loop: ");
  // Serial.println(isLEDBlink);
  if(joystickB.ButtonALongPressed())
  {
    Serial.println("------ButtonALongPressed------- ");
    // digitalWrite(LED_PIN, LOW);
    joystickB.ledBlink(80);
    arm.cleanRecord();
    arm.setArmMode(ARM_MODE_RECODE);
    delay(50);
    joystickB.ledBlink(300);
  }
  if(arm.getArmMode() == ARM_MODE_RECODE)
  {
    if(joystickB.ButtonPressed(BT_A))
```

```
  {
    arm.record ( ) ;
  }
}
else if ( arm.getArmMode ( ) == ARM_MODE_REPLAY )
{
  if ( joystickB.ButtonPressed ( BT_A ))
  {
    joystickB.ledOn ( ) ;
    arm.setArmMode ( ARM_MODE_IDLE ) ;
  }
}
if ( joystickB.ButtonPressed ( BT_B ))
{
  joystickB.ledBlink ( 1000 ) ;
  arm.setArmMode ( ARM_MODE_REPLAY ) ;
  arm.replay ( ) ;
}

if ( arm.getArmMode ( ) != ARM_MODE_REPLAY )
{
  if ( joystickB.Analog ( STK_LX ) > 200 )
  {
    arm.moveXYZG ( AXIS_X, 1 ) ;
  }
  else if ( joystickB.Analog ( STK_LX ) < 50 )
  {
    arm.moveXYZG ( AXIS_X, -1 ) ;
  }
  if ( joystickB.Analog ( STK_LY ) > 200 )
  {
    arm.moveXYZG ( AXIS_Z, 1 ) ;
  }
  else if ( joystickB.Analog ( STK_LY ) < 50 )
  {
    arm.moveXYZG ( AXIS_Z, -1 ) ;
  }
  if ( joystickB.Analog ( STK_RX ) > 200 )
  {
    arm.closeGripper ( ) ;
  }
  else if ( joystickB.Analog ( STK_RX ) < 50 )
  {
    arm.openGripper ( ) ;
  }
  if ( joystickB.Analog ( STK_RY ) > 200 )
```

```
        {
          arm.moveXYZG(AXIS_Y, -1);
        }
        else if(joystickB.Analog(STK_RY)< 50)
        {
          arm.moveXYZG(AXIS_Y, 1);
        }
      }
    }
```

8.3.5 实物模型图

本节机械玩具小车设计的实物模型如图 8-8 所示。整个小车的制作由机械结构和智能控制两部分来实现，机械部分来实现小车的各部件的协调运行，智能控制部分通过 Arduino 编程来进行自动化控制小车，让机械玩具车变得更加有趣。

图 8-8　机械玩具小车模型图

8.3.6 实践验证

本节机械玩具小车的 Arduino 智能控制实践演示可通过链接或二维码进行观看。

视频链接：https://j.youzan.com/3dWKtB、https://j.youzan.com/AzDKtB

扫码观看　　　　　　　　　扫码观看

8.3.7　视野拓展

目前我国的工业的发展非常迅速，人工智能技术和计算机技术等其他先进科学技术在逐步被广泛应用，作为人工智能领域的一种工业设备应用，机械臂逐渐成为工业领域中最常使用的机器设备之一，很大程度上提升了工作的效率。

机械臂是一种复杂的高精度智能系统，它有多输入多输出、非线性、强耦合以及易操作的特点，目前被广泛地应用在安全防爆、工业装配等领域。机械臂由视觉传感器、机械臂系统以及主控计算机三部分组成，其中机械臂系统又被划分为模块化机械臂和灵巧手两个小部分。

机械臂目前划分在服务型机器人领域，主要被应用在一些工厂，帮助人们完成一些高难度、很复杂的加工，使工厂的生产效率得到了大幅度提升。目前机械臂已被广泛应用，比如在流水线作业中整理物品、加工零件、固定螺钉等，它具有很高的机动性，能够实现抓取、旋转、移动等一系列操作。

机械臂是工业设备中的一个常见的智能化设备，在人工智能技术的驱动下，可完成一些高精度的、复杂性以及重复性的工作，减少人工操作的时间和精力，提高了生产力。

8.3.8　学习小结

本小节我们完成了机械玩具小车的设计与制作，了解了机械手臂的工作原理，这里将 Arduino 蓝牙小车与简易机械臂相结合，能够实现智能化控制。

8.3.9 课后思考

思考如果要实现机械臂的抓取功能，需要在这款玩具挖掘机机械臂上改动哪些部件？

8.4 智能感应门设计

8.4.1 创作灵感

你是否还因为忘记带钥匙而苦苦等待室友回来开门？你是否总是在忙自己事情的时候去帮室友开门？寝室里总是因为"开门"这件小事情会产生一些烦恼，这里希望通过 Arduino 模块实现真正的"开门自由"，当我们忘记带钥匙时，可以通过在手机蓝牙串口 App 端输入密码，即可快速进入寝室。另外还增设了超声波感应装置，在床上也能给室友开门。

8.4.2 技术方案

机械玩具小车的设计分内部结构和智能控制两部分，智能感应门控制图如图 8-9 所示。

图 8-9　智能感应门控制图

内部结构：将 Arduino 板与舵机连接起来，舵机 180°摆动带动门锁开门。

智能控制：智能感应门的工作方式有两种：一是通过超声波在门的上方感应到手势从而开门；二是通过蓝牙串口连接手机，进行密码开门。

8.4.3　硬件材料表

智能感应门所需元器件清单如表 8-4 所示，将程序上载至 Arduino Uno3 开发板，通过蓝牙模块控制舵机转动从而带动门锁打开，或者通过超声波测距模块测距，从而控制舵机转动打开门锁。

表 8-4　智能感应门元器件清单

序　号	名　　称	数　　量
1	Arduino Uno3 开发板	1
2	超声波 HC-SR04	1
3	舵机 SG90	1
4	蓝牙模块	1

8.4.4　程序设计

```
s#include "Servo.h "
Servo myServo; // 创建 sero 对象
#define myServoPin 6 // 舵机接在引脚 6
#define fmqPin 7 // 蜂鸣器接在引脚 7
#define trigPin 8  // 超声波 tring 接引脚 8
#define echoPin 9 // 超声波 echo 接引脚 9
float distance=0; // 创建变量 "距离"
int cm;          // 变量 "cm "

bool debugOn = 0; //debugOn 调试程序时使用 =0 关闭 , =1 打开

void setup ( ) {

    pinMode ( fmqPin, OUTPUT ) ; // 引脚 7 为输出模式
    pinMode ( trigPin, OUTPUT ) ; // 引脚 8 为输出模式
    pinMode ( echoPin, INPUT ) ; // 引脚 9 为输出模式
    myServo.attach ( myServoPin ) ; // 舵机在 6 引脚
    digitalWrite ( fmqPin, HIGH ) ; // 设置蜂鸣器为高电平
    Serial.begin ( 9600 ) ;
```

```
      Serial.println ("Welcome use bt opendoor ");
      Serial.println ("欢迎回家，请输入开门密码");

      // put your setup code here, to run once:

}

void loop ( ) {
  if ( Serial.available ( ) >0 ) {     // 检测串口是否有数据
    int data = Serial.parseInt ( ) ;  // 读取串口信息
    if ( data == 123 ) {              //123 为密码可更换
      openDoor ( ) ;                  // 执行打开函数
    }else{ digitalWrite ( fmqPin, LOW ) ; /// 密码不对进行报错
      delay ( 100 ) ;
      digitalWrite ( fmqPin, HIGH ) ;
      delay ( 100 ) ;
      digitalWrite ( fmqPin, LOW ) ;
      delay ( 100 ) ;
      digitalWrite ( fmqPin, HIGH ) ;
      delay ( 100 ) ;
      Serial.println ("!!!! ") ;
      Serial.println ("很抱歉，密码错误") ;
      Serial.println ("请重新输入密码~") ;
      delay ( 4000 ) ;
    }
  }
  cm = measure ( ) ; // 超声波检测距离并赋值到 "cm "
  if ( cm<= 10 ) openDoor ( ) ; // 如果距离合适则执行打开门函数
  // put your main code here , to run repeatedly:

}


void openDoor ( ) {      // 打开门函数
  Serial.println ("============ ") ;
  Serial.println ("==== 密码输入正确 ==== ") ;
  Serial.println ("正在开门，请稍等 ...... ") ;
  digitalWrite ( fmqPin, HIGH ) ; // 蜂鸣器开门提示音
  delay ( 300 ) ;
  digitalWrite ( fmqPin, LOW ) ;
  delay ( 300 ) ;
  digitalWrite ( fmqPin, HIGH ) ;
  delay ( 300 ) ;
  digitalWrite ( fmqPin, LOW ) ;
  delay ( 300 ) ;
  digitalWrite ( fmqPin, HIGH ) ;
```

```
    delay (300) ;
    digitalWrite (fmqPin, LOW) ;
    delay (300) ;
    digitalWrite (fmqPin, HIGH) ;
    delay (300) ;
    digitalWrite (fmqPin, LOW) ;
    delay (300) ;
    digitalWrite (fmqPin, HIGH) ;
    delay (300) ;
    digitalWrite (fmqPin, LOW) ;
    delay (700) ;
    digitalWrite (fmqPin, HIGH) ;
    delay (20) ;

    for ( int pos=0; pos<=90;pos++) {    // 舵机开始旋转 0-90 "开门 "
        myServo.write (pos) ;
        delay (20) ;
    }
    Serial.println ("门已经打开, 请进 ") ;
    delay (4000) ;
    digitalWrite (fmqPin, LOW) ;
    delay (100) ;
    digitalWrite (fmqPin, HIGH) ;
    delay (100) ;
    digitalWrite (fmqPin, LOW) ;
    delay (100) ;
    digitalWrite (fmqPin, HIGH) ;
    delay (100) ;
    digitalWrite (fmqPin, LOW) ;
    delay (100) ;
    digitalWrite (fmqPin, HIGH) ;
    delay (100) ;
    digitalWrite (fmqPin, LOW) ;
    delay (400) ;
    digitalWrite (fmqPin, HIGH) ;
    for ( int pos=90; pos>=0;pos--) {    // 舵机旋转 90-0 "关闭 "
        myServo.write (pos) ;
        delay (10) ;
    }
    digitalWrite (fmqPin, HIGH) ;
    delay (20) ;
    Serial.println ("门已经上锁 ") ;
}
float measure ( ) { // 超声波测函数距离
    delay (1000) ;
    digitalWrite (trigPin, LOW) ;
```

```
delayMicroseconds (2);
digitalWrite (trigPin, HIGH);
delayMicroseconds (10);
digitalWrite (trigPin, LOW);
distance = pulseIn (echoPin, HIGH)/58.0;
distance = (int (distance*100.0))/100.0;
if (debugOn){
  Serial.println ("测量距离");
  delay (1000);
  Serial.println ("=========== ");
  Serial.print ("distance = ");
  Serial.println (distance);
  Serial.println ("=========== ");
}
return (distance);
```

8.4.5　实物模型图

本节智能感应门设计的实物模型如图 8-10 所示，通过将 Arduino 板与舵机连接起来，并用手机操控和手动感应的方式去开门。

图 8-10　智能感应门实物模型图

8.4.6　实践验证

本小节智能感应门设计案例的 Arduino 智能控制实践演示可通过链接或二维码进行观看。

视频链接：https://j.youzan.com/dhdKtB

扫码观看

8.4.7 视野拓展

随着物联网技术的快速发展，不少家居产品也正逐渐趋于智能化，给传统家居产品赋予了新的生命力。智能门锁区别于传统机械锁芯开锁方式，增加了智能控制，可通过指纹、蓝牙等一些新式密码组合来代替传统钥匙，实现开锁这一操作，一定程度上给我们的生活带来了方便。

智能锁与传统机械锁相比，它安全性更强，开锁也更加方便，能够采用多种识别技术，例如指纹、手纹、虹膜等，也可以是这几种技术组合。目前智能门锁的使用领域也越来越广，在公司里可以通过智能门锁系统，自动对员工的考勤进行统计。在家里面也可以设置一定的指纹权限，只需要清除相关密码就可以达到更换以往更换传统锁芯的目的，这样家里来了新人，就避免了更换钥匙等一系列麻烦。当遇到锁具被强制性打开时，智能锁将会自动发出报警声音并同时发送报警信息，第一时间联系相关人员。另外，在小区治安方面也可以通过远程遥控门锁的开关，通过互联网远程给智能门锁授予出入权限并控制门的打开与关闭，一定程度上增加了小区管理的便捷性，同时也避免了一些安全隐患。在酒店住宿方面，通过智能门锁可以给客户提供多种入住方式及开门模式；管理人员也能够在需要时使用门卡进入房间进行安全防护操作等。

8.4.8 学习小结

本小节我们完成了智能感应门的设计与制作，实现了宿舍自动开门的操作，同时可以与手机软件进行交互，远程实现开锁。通过将 Arduino 控制板与舵机连接起来，带动门锁把手，达成开锁的功能。同时加入新的交互方式，通过手势实现开门方式，具体原理是采用超声波感应装置，在打开宿舍门锁方面，增加了一定的便利性。

8.4.9 课后思考

思考如果加入门铃功能，需要在 Arduino 电路板上添加什么装置？

8.5 降温计时杯设计

8.5.1 创作灵感

水是人类生命之源，然而人们在平时生活中往往容易忽视饮水温度，过凉或过烫的水都不适合饮用。因此我们设计了这款降温计时杯，杯盖上设置时钟转动装置，在温度低于 35℃时，时针停止转动。使用者可以通过放凉或添加冷水等方式使水温达到 35℃。无聊时，可以观察时针转动圈数以计算冷却时间。是一款集实用性与趣味性于一体的水杯。

8.5.2 技术方案

降温计时杯设计方案分为内部结构和智能控制两部分。

内部结构：在杯子当中加入步进电机和温湿度传感器，温湿度传感器贴近杯壁，当水温高于 35℃时，钟表开始转动，此时杯中的水因水温过高不宜饮用。当水温低于 35℃时，电机停止运动，钟表停止摆动，此时杯中水温正适合人们饮用。内部结构如图 8-11 所示。

图 8-11　降温计时杯设计内部结构图

智能控制：通过采集温湿度传感器数据，控制两个步进电机，步进电机带动指针旋转，当水温低于 35℃时，舵机停止转动，智能控制图如图 8-12 所示。

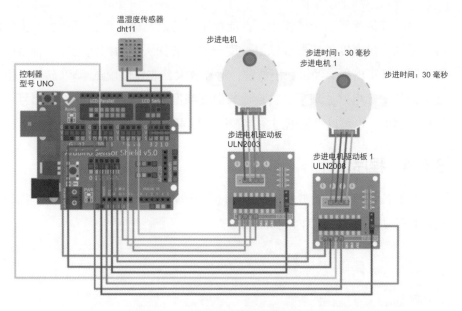

图 8-12　降温计时杯智能控制图

8.5.3　硬件材料表

降温计时杯所需元器件清单如表 8-5 所示，将程序上载至 Arduino Uno3 开发板，通过温湿度模块控制舵机，当温度小于 35℃时舵机停止转动。

表 8-5　降温计时杯元器件清单

序　号	名　　称	数　量
1	Arduino Uno3 开发板	1
2	温湿度传感器 DHT11	1
3	舵机 SG90	1

温湿度传感器是一种装有湿敏和热敏元件，能够用来测量温度和湿度的传感器装置，如图 8-13 所示。有的带有现场显示，有的不带有现场显示。

图 8-13　温湿度传感器

温湿度传感器由于体积小，性能稳定等特点，被广泛应用在生产生活的各个领域。温湿度传感器多以温湿度一体式的探头作为探测元件，将温度和湿度信号采集出来，经过稳压滤波、运算放大、非线性校正、V/I 转换、恒流及反向保护等电路处理后，转换成与温度和湿度呈线性关系的电流信号或电压信号输出，也可以直接通过主控芯片进行 485 或 232 等接口输出。

8.5.4　程序设计

降温计时杯程序如下所示，温湿度传感器判断水温小于 35 度时，控制舵机停止转动，超过 35 度时舵机运作。

```
#include <stepper . h>
#include <DHT .h>
DHT dht3 (3, 11) ;
Stepper mystepper_ 1 (32, 8, 10, 9, 11) ;
Stepper mystepper_ 2 (32, 4, 6, 5, 7) ;
```

```
    int mystepper_ 1_ speed, mystepper_ 2_ _speed;
    int flag=25;
    int T;
void setup ( ) {
dht3 .begin ( ) ;
Serial .begin ( 9600 ) ;
void 1oop 0 ) 0
T=dht3. readTemperature ( ) ;
mystepper_ 1_ speed-map ( T, flag, 30, 1, 1000 ) ;
myatepper_ 2_ apeed=mystepper_ 1_ speed+50;
Serial.print ( T ) ;Serial.print ( "" ) ;
Serial.print1n ( mystepper_ 1_ speed ) ; .
mystepper_ 1.setspeed ( mystepper_ 1_ speed ) ;
mystepper_ 2.set3peed ( mystepper_ 2_ speed ) ;
    if ( T>f1ag )
{
    mystepper_ 1.step ( 1 ) ;
    mystepper_ 2.step ( 1 ) ;
}
```

8.5.5　实物模型图

本节的降温计时杯设计案例实物模型如图 8-14 所示，计时杯设计通过步进电机及温湿度传感器来模拟钟表的摆动，实现计时功能。

图 8-14　降温计时杯实物模型图

8.5.6　实践验证

本小节降温计时杯设计案例的 Arduino 智能控制实践演示可通过链接或二维码进行观看。

视频链接：https://j.youzan.com/4YyKtB

扫码观看

8.5.7 视野拓展

目前降温杯的种类较多，降温原理也各种各样，大部分以物理降温为主，例如洛可可设计的55℃恒温杯，便是采用瓶身内部的化学物质反应所产生的温度，然后传导进杯子内部的水，起到降温目的，还有部分降温杯是采用半导体制冷技术达到降温的目的。

55℃杯的使用原理主要是因为它的瓶身内含有醋酸钠水溶液，在固态时称为三水醋酸钠，当人在摇动瓶子的时候，由于外力晃动，醋酸钠分子互相碰撞发生相变，在醋酸钠水溶液发生相变的过程中会出现吸热、散热的物理现象，同时会改变瓶身内的温度。当在瓶子里面倒入沸水的时候，杯子内壁开始吸收热量，固态转化成液态时会吸收热量，一直到杯子内液体的温度降到55℃左右。相反，水如果放冷了，温度低于55℃的时候，杯壁内的醋酸钠水溶液会慢慢释放出一开始吸收的热量，这样就能够让温度保持在55℃，达到随时都能喝的目的。在喝完热水，再倒入冷水时，摇晃杯子，醋酸钠由液态变为固态——释放热量，从而使杯内的冷水迅速升温至55℃。通过这样循环往复，不管倒入的是开水还是冷水，各个温度的水最后都能通过这种散热吸热现象让温度保持在55℃。

基于帕尔帖的原理，逐渐发展出来了半导体制冷器件的工作原理，这种效应是在1834年由J.A.C帕尔帖首先发现的，是利用当两种不同的导体A和B联通组成电路然后通上直流电，在接头的地方除了释放焦耳热还会释放出其他热量，相反另一个接头处则会吸收这些热量，帕尔帖效应出现的这种现象是可逆的，当我们改变电流的方向时，放热、吸热的接头也会相应改变，吸收的热量和放出的热量与电流强度 I[A] 是成正比关系，而且这两个导体的性质与热端的温度有关，半导体作为导热介质，吸收一部分热量，然后达到制冷的目的。

8.5.8　学习小结

本小节我们完成了降温计时杯的设计与制作。使用了温度传感器、步进电机相组合，通过搅拌的方式达到散热的目的；通过实验模型验证，可以达到降温的效果，搅拌所转动的圈数可以反映在上方的时钟上，可以通过观察时钟上的时间确定冷却了多长时间，方式比较直观，也能够增加一定的趣味。

8.5.9　课后思考

思考如果要加快热水的冷却，需要进行什么改进?

8.6　智能垃圾桶设计

8.6.1　创作灵感

我们有时候要扔垃圾时，两只手都拎着东西没有空出来，而垃圾桶又被盖住，我们能否做一个能够自动打开盖子的垃圾桶呢?

8.6.2　技术方案

智能垃圾桶设计分内部结构和智能控制两部分。

内部结构：内部结构如图 8-15 所示，它只是在普通垃圾桶内部装有超声波测距传感器以及舵机。

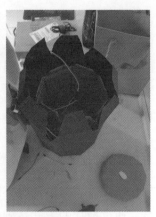

图 8-15 智能垃圾桶设计结构图

智能控制：通过超声波传感器，控制舵机旋转来打开垃圾桶，如图 8-16
所示。

图 8-16 智能垃圾桶设计智能控制图

8.6.3 硬件材料表

智能垃圾桶所需元器件清单如表 8-6 所示，通过超声波传感器感应，如
果前方有人来扔垃圾，舵机则会旋转，自行打开垃圾桶。

表 8-6　智能垃圾桶元器件清单

序　号	名　　称	数　量
1	Arduino Uno3 开发板	1
2	超声波 HC-SR04	1
3	舵机 SG90	1

8.6.4　程序设计

智能垃圾桶通过超声波测距模块感应距离，当人靠近的时候，舵机运作带动垃圾桶打开盖子，程序代码如下所示。

```
#include <Servo.h>

int _ABVAR_1_Integer = 0 ;
int ardublockUltrasonicSensorCodeAutoGeneratedReturnCM ( int trigPin,
  int echoPin )
{
  long duration;
  pinMode ( trigPin, OUTPUT ) ;
  pinMode ( echoPin, INPUT ) ;
  digitalWrite ( trigPin, LOW ) ;
  delayMicroseconds ( 2 ) ;
  digitalWrite ( trigPin, HIGH ) ;
  delayMicroseconds ( 20 ) ;
  digitalWrite ( trigPin, LOW ) ;
  duration = pulseIn ( echoPin, HIGH ) ;
  duration = duration / 59;
  if (( duration < 2 ) || ( duration > 300 )) return false;
  return duration;
}

int _ABVAR_2_degree = 0 ;
Servo servo_pin_10;
int _ABVAR_3_N = 0 ;

void a ( ) ;
void gn ( ) ;

void setup ( )
{
  pinMode ( 12 , OUTPUT );
  pinMode ( 13 , OUTPUT );
```

```
    digitalWrite ( 4 , LOW ) ;

    servo_pin_10.attach ( 10 ) ;
    Serial.begin ( 9600 ) ;
}

void loop ( )
{
    _ABVAR_1_Integer = map ( ardublockUltrasonicSensorCodeAutoGeneratedReturnCM
    ( 4 , 7 ) , 0 , 80 , 0 , 4 ) ;
    delay ( 100 ) ;
    if (( ( _ABVAR_1_Integer ) < ( 2 ) ))
    {
      servo_pin_10.write ( _ABVAR_2_degree ) ;
      a ( ) ;
      _ABVAR_2_degree = ( _ABVAR_2_degree + _ABVAR_3_N ) ;
      delay ( 100 ) ;
      if (( ( _ABVAR_2_degree ) == ( 75 ) ))
      {
        _ABVAR_3_N = -75 ;
        delay ( 3000 ) ;
        digitalWrite ( 12 , LOW ) ;
      }
      if (( ( _ABVAR_2_degree ) == ( 0 ) ))
      {
        _ABVAR_3_N = 75 ;
        delay ( 3000 ) ;
        digitalWrite ( 12 , HIGH ) ;
      }
    }
    gn ( ) ;
}

void a ( )
{
    tone ( 3, 589, 300 ) ;
    delay ( 200 ) ;
    tone ( 3, 589, 300 ) ;
    delay ( 200 ) ;
    tone ( 3, 882, 300 ) ;
    delay ( 200 ) ;
    tone ( 3, 882, 300 ) ;
    delay ( 200 ) ;
    tone ( 3, 990, 300 ) ;
    delay ( 200 ) ;
    tone ( 3, 990, 300 ) ;
```

```
delay ( 200 ) ;
tone ( 3, 882, 300 ) ;
delay ( 200 ) ;
tone ( 3, 440, 300 ) ;
delay ( 200 ) ;
tone ( 3, 786, 300 ) ;
delay ( 200 ) ;
tone ( 3, 786, 300 ) ;
delay ( 200 ) ;
tone ( 3, 700, 300 ) ;
delay ( 200 ) ;
tone ( 3, 700, 300 ) ;
delay ( 200 ) ;
tone ( 3, 661, 300 ) ;
delay ( 200 ) ;
}

void gn ( )
{
_ABVAR_1_Integer = analogRead ( 0 ) ;
Serial.print ("message ") ;
Serial.print (" ") ;
Serial.print (analogRead ( 0 )) ;
Serial.print (" ") ;
Serial.println ( ) ;
analogWrite ( 13 , ( 211 - _ABVAR_1_Integer )) ;
}
```

8.6.5 实物模型图

本节设计的智能垃圾桶实物模型如图 8-17 所示，通过将熊本熊的元素融入垃圾桶中，使得垃圾桶造型更可爱。

图 8-17 智能垃圾桶设计实物模型

8.6.6　实践验证

本小节智能垃圾桶设计案例的 Arduino 智能控制实践演示可通过链接或二维码进行观看。

视频链接：https://j.youzan.com/mgIKtB

扫码观看

8.6.7　视野拓展

塑料可以说是工业时代最重要的发明之一，强度高、质量轻的塑料制品解决了大到飞机、轮船、汽车，小到文具、水杯、塑料袋等诸多工业领域材料需求的问题，人们日常生活也离不开形形色色的塑料制品。然而随着塑料制品需求量越来越大，产生的废物垃圾越来越多，其降解又十分困难，享受塑料制品带来方便的同时，人类乃至全球生物如今都面临着"白色污染"危机。

不只是塑料，城市化进程飞速发展的今天，人类活动所产生的垃圾早已是一个显著的难题。不适当的垃圾处理将会造成严重后果，人类在这个问题上早已吃过苦头，中世纪的欧洲不洁的饮用水曾导致大规模的霍乱盛行。时至今日，不健康的垃圾处理引发的健康与环境问题仍屡见不鲜，垃圾分类处理势在必行。

许多发达国家和地区经过长期探索，在垃圾分类处理上已取得卓有成效的建树。德国拥有一套完善的垃圾分类制度，在垃圾回收方面做得十分出色，玻璃废弃物可以根据颜色投掷到不同的垃圾桶内，玻璃碎片也有专门的垃圾桶，这种高效的回收方式可以显著提高垃圾循环再利用率，做到"变废为宝"。日本施行垃圾分类制度的历史比较长，监管制度也十分严格，不按规定时间规定分类丢垃圾可能会面临巨额罚款。

推行垃圾分类离不开个人的道德水准、社会的环保理念宣传和行政部门强有效的规章制度，作为中国综合实力水平最高的城市，上海在 2019 年推行了史上最严格的垃圾分类管理条法，经过近两年的制度实行和社会各界的宣传助力，取得了可观的成绩。中国循环经济专家王维平曾表示："垃圾分类是'慢工'，需要慢慢教育、宣传，由简入繁。"可以说我国的垃圾分类仍处于起步阶段，未来在宣传教育手段，民众接受程度，政府政策推行等各个方面仍需深入探索，垃圾分类处理依然任重道远。

8.6.8　学习小结

本小节我们完成了智能垃圾桶的制作。在此过程中，我们通过 Arduino 智能感应人手，使人手在接近的时候能够自动打开盖子，当手移开的时候盖子就会回弹。

8.6.9　课后思考

请同学们根据以上案例，思考一下，在 Arduino 技术识别的时候，会出现不识别的现象吗？该如何改进？

8.7　智能坐姿矫正椅设计

8.7.1　创作灵感

小学是培养学生习惯的重要时期，坐姿更是重中之重。学生坐姿习惯不好，看书较近，趴着看书，容易引起近视，而老师家长无法时刻监督孩子，那应该怎样矫正孩子的坐姿呢？

我们将在普通椅子的基础上改进，通过超声波检测孩子和椅背的距离来提醒，提醒的方式有声音和灯光，将平面连杆结构和 Arduino 编程相结合，使之成为一个可以自动检测、提醒并矫正孩子坐姿的智能坐姿矫正学生椅。

8.7.2　技术方案

智能坐姿矫正椅分内部结构和智能控制两部分。

内部结构：学生椅的扶手采用了平面连杆结构，通过舵机带动曲柄转动从而控制摇杆小幅度转动，可以在学生坐姿不规范时，也就是背部距离椅背太远时将其纠正回来。智能坐姿矫正椅结构如图 8-18 所示。

智能控制：通过超声波测距传感器测距，然后控制舵机、蜂鸣器以及 LED 灯实现所需功能，如图 8-19 所示。

图 8-18　智能坐姿矫正椅结构图

图 8-19　智能坐姿矫正椅智能控制图

8.7.3　硬件材料表

智能坐姿矫正椅所需元器件清单如表 8-7 所示，通过超声波测距传感器测量距离，从而判断坐姿是否正确，当坐姿不对的时候，通过舵机的旋转将椅子调整会正确位置。

表 8-7　智能坐姿矫正椅元器件清单

序　号	名　称	数　量
1	Arduino Uno3 开发板	1
2	雨滴传感器	1
3	LED 灯	1
4	蜂鸣器	1

8.7.4　程序设计

```
#include <Servo.h>
volatile int juli;
volatile float speed;
volatile long updown;
float tonelist[]={1046.5, 1174.7, 1318.5, 1396.9, 1568, 1760, 1975.5};
long musiclist[]={0, 1, 1, 2, 3, 3, 3, 4, 3, 3, 0, 3, 2, 1, 2, 2, 2, 4, 3,
   3, 0, 2, 1, 7, 1, 1, 7, 1, 7, 6, 5, 5, 5};
long highlist[]={0, 0, 0, 0, 0, 0, 0, 0, 0, 0, 0, 0, 0, 0, 0, 0, 0, 0, 0, 0,
   0, 0, 0, -1, 0, 0, -1, 0, -1, -1, -1, -1, -1};
long rhythmlist[]={8, 8, 8, 8, 4, 4, 4, 8, 8, 2, 8, 8, 8, 8, 4, 4, 4, 8, 8,
   2, 4, 4, 4, 8, 8, 4, 8, 4, 4, 4, 8, 8, 2};
void procedure ( ) {
  for (int i = 1; i <= 30; i = i + (1)) {
    tone (8, tonelist[ (int )(musiclist[ (int )(i - 1)] - 1)] * pow
      (2, highlist[
    (int )(i - 1)] ) );
    delay ((2000 / rhythmlist[ (int )(i - 1)]));
    noTone (8);
    delay (10);
  }
}
float checkdistance_2_3 ( ) {
  digitalWrite (2, LOW);
  delayMicroseconds (2);
  digitalWrite (2, HIGH);
  delayMicroseconds (10);
  digitalWrite (2, LOW);
  float distance = pulseIn (3, HIGH) / 58.00;
  delay (10);
  return distance;
}
```

```
Servo servo_7;
void setup ( ) {
  Serial.begin ( 9600 ) ;
  juli = 0;
  speed = 120.0;
  updown = 0;
  pinMode ( 8, OUTPUT ) ;
  pinMode ( 10, OUTPUT ) ;
  pinMode ( 3, INPUT ) ;
  pinMode ( 12, OUTPUT ) ;
  servo_7.attach ( 7 ) ;
  pinMode ( 10, OUTPUT ) ;
}
void loop ( ) {
  juli = checkdistance_2_3 ( ) ;
  Serial.println ( String ( juli ) .toInt ( ) ) ;
  if ( juli > 10 ) {
    digitalWrite ( 10, HIGH ) ;
    digitalWrite ( 12, LOW ) ;
    servo_7.write ( 90 ) ;
    delay ( 1000 ) ;
    procedure ( ) ;
  } else if ( juli > 5 ) {
    digitalWrite ( 11, HIGH ) ;
    digitalWrite ( 12, LOW ) ;
  } else {
    digitalWrite ( 12, HIGH ) ;
    servo_7.write ( 180 ) ;
    delay ( 1000 ) ;
  }
  pinMode ( 11, OUTPUT ) ;
  digitalWrite ( 11, LOW ) ;
  digitalWrite ( 10, LOW ) ;
  delay ( 1000 ) ;
}
```

8.7.5　实物模型图

本节设计的智能坐姿矫正椅实物模型如图 8-20 所示，通过将超声波测距传感器和舵机结合，当坐姿不正确的时候舵机转动使椅子回到正确的姿势。

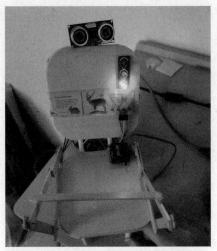

图 8-20　智能坐姿矫正椅实物模型图

8.7.6　实践验证

本小节智能坐姿矫正椅设计案例的 Arduino 智能控制实践演示可通过链接或二维码进行观看。

视频链接：https://j.youzan.com/mx2KtB

扫码观看

8.7.7　视野拓展

近年来，不少人出现了腰骨酸痛、腰椎盘突出等一系列的问题，归根结底是我们长期以来保持的不良坐姿。因此，解决坐姿问题，便成为一个有很大意义的研究课题。

目前大部分坐姿校正椅子主要是主动矫正方式，需要通过提醒来让人调整背部高度，一定情况下会出现忘记端正坐姿的问题，还有一种座椅的矫正方式是让人被动的保持坐姿，它的工作原理主要是在胸部位置放置一个胸腔支撑装置。整个支撑装置能够均匀分散身体的重量，同时能够放松背部和肩部的肌肉，能够让脊椎保持一个垂直放松的状态。它的支撑板能够保持胳膊与桌子的高度一致，能够减轻颈部和肩膀的疲劳，防止脊柱侧弯。坐垫部分是采用一个骨盆支撑的装置，能够贴合人体臀部的曲线，支撑孩子的脊椎维持自然的背部曲线。同时椅子的脚凳，有一个部位能够保持大腿小腿之间理想的角度，放松大腿下部的肌肉，同时促进血液循环。当坐在椅子上的时候，轮子会自动锁定，防止侧滑。

8.7.8 学习小结

本小节我们在椅子的基础上进行改造，采用超声波测距装置检测孩子与椅子靠背之间的距离，用声音和灯光来提醒，实现方式是采用平面连杆结构与 Arduino 编程相结合，让其能够自动检测和提醒孩子坐姿。

8.7.9 课后思考

如果要加装座位升降装置，需要进行什么改进?

8.8 超声波钢琴设计

8.8.1 创作灵感

本作品创作灵感来源于当前正火热的一款游戏——《光遇》。通过图形化编程的方式为钢琴编制了基本的 7 个音阶，且能以超声波测距的方式进行弹奏，另外前方的指示灯会随着乐曲的弹奏而闪亮，上方的飞盘装有电动马达，按动按件一次可转动，两次即停止。互动性与趣味性并存，外观简单大方。

8.8.2　技术方案

超声波钢琴分内部结构和智能控制两部分，智能控制部分如图 8-21 所示。

图 8-21　超声波钢琴智能控制图

内部结构：造型与传统钢琴无异，在钢琴内部有超声波传感器以及喇叭，通过按键控制上方装饰旋转。

智能控制：通过超声波传感器测距，不同距离的喇叭会发出不同声音。

8.8.3　硬件材料表

超声波钢琴设计所需元器件清单如表 8-8 所示，通过超声波传感器感知不同距离，不同距离发出不同的声音，由此达到钢琴的效果。

表 8-8　超声波钢琴设计元器件清单

序　号	名　称	数　量
1	Arduino Uno3 开发板	1
2	超声波传感器	1
3	LED 灯	1
4	蜂鸣器	1

8.8.4　程序设计

超声波钢琴通过超声波传感器测量不同距离，从而发出不同的声音。程序代码如下所示。

```
int light=150;
//operating 200 times in one secondvoid
setup（）{pinMode（8，OUTPUT）;//A0pinMode（9，OUTPUT）;//A1pinMode
  （10，OUTPUT）;/
/A2pinMode（11，OUTPUT）;//A3Serial.begin（9600）;}
Voidloop（）{if（analogRead（A0）>light）{ digitalWrite（8，HIGH）;
  }else{ digitalWrite
（8，LOW）; }
if（analogRead（A1）>280）{ digitalWrite（9，HIGH）; }
else{ digitalWrite（9，LOW）; }
if（analogRead（A2）>300）{ digitalWrite（10，HIGH）; }
else{ digitalWrite（10，LOW）; }
if（analogRead（A3）>280）{ digitalWrite（11，HIGH）; }
else{ digitalWrite（11，LOW）; }delay（5）;//Serial.print（analogRead（A0））;
//Serial.print（" "）;//Serial.print（analogRead（A1））;//Serial.print（" "）;
Serial.print（analogRead（A2））;Serial.print（" "）;//Serial.print
  （analogRead（A3））;
//Serial.print（" "）;
```

8.8.5　实物模型图

超声波钢琴设计实物模型如图 8-22 所示，通过将超声波传感器与喇叭结合，实现不同距离发出不同声音，实现弹钢琴的效果。

图 8-22　超声波钢琴设计实物模型图

8.8.6　实践验证

本小节超声波钢琴设计案例的 Arduino 智能控制实践演示可通过链接或二维码进行观看。

视频链接：https://j.youzan.com/ISKKtB

扫码观看

8.8.7　视野拓展

超声波的指向性很强，它的能量消耗比较缓慢，在介质中传播的距离比较远，因此超声波经常被用于物体的检测，比如测量物体之间的距离。

声音主要是通过物体振动而产生的，能够听到的声音频率是 20Hz ～ 20kHz，超过 20kHz 的叫作超声波，低于 20Hz 的叫作次声波。超声波传感器由发射端、接收端、控制端和电源几部分组成，它主要工作原理是向某一个固定的方向发射超声波，超声波碰到障碍物时反射回来，接收到反射回来的超声波后按照它在空气及其他介质中传播的速度和时间，即可计算出物体之间的距离。我们可以使用超声波传感器制作一些小音箱、感应控制开关等。比如一些地方的门能够实现自动开关，就是采用了超声波测距装置。还有一种盲人使用的手杖，也是采用了超声波测距的原理，能够提醒盲人附近的一些障碍物。

通过物质对超声波的吸收规律，可以探索出物质的特性和结构。利用超声波的震动原理，还可以做出许多更加新颖的产品。

8.8.8　学习小结

本小节我们完成了超声波钢琴的设计与制作。通过超声波感应装置，在弹奏钢琴的时候，不用触碰钢琴，即可实现按动琴键的功能。钢琴上还有一些互动装置，通过按动飞盘按钮，可以实现飞盘转动和停止，增加了趣味性。

8.8.9　课后思考

思考要实现声控歌曲切换，需要进行什么改进？

8.9　防沉迷手机支架设计

8.9.1　创作灵感

手机被广泛认可为继报纸、广播、电视、网络后的"第五媒体"，有着很大的用户群体，尤其是在这个信息时代里，手机正对人类社会的发展产生不可估量的影响。手机给学生们的学习和生活带来了诸多便利，但同时也引发了一系列的问题，比如长时间看手机导致眼睛近视等。本节设计案例通过制作一款检测并控制用户使用手机频率的手机支架，来达到督促使用者减少使用手机时间的目的。图 8-23 所示的现象为本设计灵感来源。

图 8-23　手机支架灵感来源（图片源自网络）

8.9.2　技术方案

防沉迷手机支架设计分内部结构和智能控制两部分。

内部结构： 在正常的手机支架上修改，使支架的两个面垂直，达到无法玩手机的效果。手机支架结构图如图 8-24 所示。

智能控制： 通过超声波模块检测是否放上手机，记录放置手机的时间并在显示器上显示，智能控制如图 8-25 所示。

图 8-24　防沉迷手机支架结构图

图 8-25　防沉迷手机支架智能控制图

8.9.3　硬件材料表

防沉迷手机支架所需元器件清单如表 8-9 所示。通过超声波测距模块感应物体的距离，在 1602LED 液晶屏上显示没有玩手机的时间。

表 8-9　防沉迷手机支架元器件清单

序　号	名　　称	数　量
1	Arduino Uno3 开发板	1
2	电源模块	1
3	超声波 HC-SR04	1
4	1602LED 显示屏	1

8.9.4　程序设计

防沉迷计时手机支架的代码如下所示，通过超声波测距模块感应物体在 1602LED 液晶屏上显示没有玩手机的时间。

```
#include<LiquidCrystal_I2C.h>
#include<Wire.h>
LiquidCrystal_I2C lcd (0x27, 16, 2);
int TrgPin = A2;
int EcoPin = A3;
float dist;
int timea=0;
int timeb=0;
int timec=0;
void setup ()
{
lcd.begin ();
lcd.setCursor (0, 0);
lcd.print ("Calculator ");
lcd.setCursor (0, 1);
lcd.print ("by wsy ");
    delay (1000);
    lcd.clear ();
pinMode (TrgPin, OUTPUT);// 设置 EcoPin 为输入状态
pinMode (EcoPin, INPUT);
}
void loop ()
{
unsigned int timecnt;
unsigned int t;
timecnt = micros ();//us
delay (1);
digitalWrite (TrgPin, LOW);
delayMicroseconds (8);
digitalWrite (TrgPin, HIGH);
delayMicroseconds (10);// 维持10毫秒高电平用来产生一个脉冲
digitalWrite (TrgPin, LOW);
dist = pulseIn (EcoPin, HIGH) / 58.30;// 读取脉冲的宽度并换算成距离
timecnt = micros ()-timecnt;
t=timecnt*0.00005;
if ((dist<5) || (dist>1000))
{
timec=timec+1;
    if (timec>59)
    {
    timec=0;
    timeb=timeb+1;
    if (timeb>59)
    {
    timeb=0;
    timea=timea+1;
}
```

```
}
        lcd.setCursor (1, 0);
        lcd.print ("without phone ");
lcd.setCursor (5, 1);
lcd.print (timea);
lcd.print ('h');
lcd.print (timeb);
lcd.print ('m');
lcd.print (timec);
        lcd.print ('s');
}
else
{
timec=0;
            timeb=0;
            timea=0;
lcd.setCursor (2, 0);
lcd.print ("don't play! ");
            delay (100);
}
delay (900);  // test
        lcd.clear ();
}
```

8.9.5 实物模型图

本节设计的防沉迷手机支架最终实物如图 8-26 所示，通过实验验证，此款手机支架能完成记录手机放置时间的功能。通过记录使用者没有玩手机的时间以及显示屏上的提示达到督促人们减少使用手机时间的效果。

图 8-26　防沉迷手机支架设计实物模型图

8.9.6　实践验证

本小节防沉迷手机支架设计案例的 Arduino 智能控制实践演示可通过链接或二维码进行观看。

视频链接：https://j.youzan.com/wHGKtB

扫码观看

8.9.7　视野拓展

手机带给了我们很多方便，也让一些人沉迷，变成了手机控，马路低头族，走路、吃饭、坐车、躺在床上……无时无刻不在玩着手机。我们的眼睛和注意力都在小小的手机屏幕上，就连思想也沉浸在手机里。人们对手机的依赖性太强，有些人有减少玩手机时间的想法，然而却控制不住自己，当前市场上并没有有效防沉迷手机的装置或产品，更多的措施是家长干预或者手机上的某些软件的预防沉迷。因此探索并设计一款具体的产品来检测人们没有使用手机的时间，监督和鼓励使用者让手机多"休息"，对手机的合理使用具有重要意义。

随着时代的发展和科技的进步，未来手机的拥有率会越来越高，沉迷于手机的现象也将越来越普遍，因此防沉迷手机的发明装置是有前景和现实意义的。本节的智能防沉迷手机支架就是通过文字显示等手段等情感化设计的方式来鼓励和提醒手机用户减少玩手机的时间与频率。

8.9.8 学习小结

本小节我们完成了防沉迷手机支架的设计和制作，当手机放上支架时开始计时，显示没有使用手机的时间，当手机拿开后显示"别玩手机啦！"。本节案例也为防沉迷类产品的设计提供了智能化思路。

8.9.9 课后思考

请同学们思考在日常生活中还会遇到哪些易沉迷的事物，并思考其背后的原因，尝试利用 Arduino 来设计防沉迷类产品？

8.10 儿童迷宫玩具设计

8.10.1 创作灵感

玩迷宫游戏是培养孩子空间能力的一种非常好的方式，当孩子进行走迷宫游戏时，大脑里负责记录空间关系的顶叶区就会变得活跃。

该产品是针对儿童的一款智力游戏，通过使用摇杆操控舵机调整迷宫平衡，使珠子滚向出口，可以在游戏中培养儿童细致观察和专注力，锻炼空间感知和思考能力，并且培养耐心。

8.10.2 技术方案

儿童迷宫玩具的设计分内部结构和智能控制两部分。

内部结构： 由两个舵机轴部作为迷宫的支撑点，用旋转轴分别控制迷宫前后左右的方向。

智能控制： 通过摇杆模块控制舵机，控制迷宫的平衡。智能控制如图 8-27所示。

图 8-27　迷宫智能控制图

8.10.3　硬件材料表

将程序上载至 Arduino Uno3 开发板，通过遥感传感器控制两个舵机轴部转动，使得迷宫上下左右晃动。儿童迷宫玩具元器件清单见表 8-10。

表 8-10　儿童迷宫玩具元器件清单

序　号	名　称	数　量
1	Arduino Uno3 开发板	1
2	舵机 SG90	2
3	遥感传感器	1

8.10.4　程序设计

儿童迷宫玩具程序如下所示。

```
/#include <Servo.h>

Servo myservo;          // 创建舵机对象
Servo myservo1;         // 创建舵机对象
int potpin = 0;         // 定义模拟输入引脚
int potpin1 = 1;        // 定义模拟输入引脚
int val, val1;          // 定义模拟量数值变量
unsigned char x_pos = 0 ; // 舵机 1 角度
unsigned char y_pos = 0 ; // 舵机 2 角度
void setup ( ) {
  myservo.attach ( 2 );       // 舵机 1 引脚配置
  myservo1.attach ( 3 );      // 舵机 2 引脚配置
}

void loop ( ) {
  val = analogRead ( potpin );              // 对模拟输入端口 0 的电压进行采集
  val1 = analogRead ( potpin1 );            // 对模拟输入端口 1 的电压进行采集
  if ( val>600 )                            //
  {
    if ( x_pos<90 )
    x_pos=x_pos+2;
  }else if ( val<400 )
  {
    if ( x_pos>0 )
    x_pos=x_pos-2;
  }else
  {
    x_pos = x_pos ;
  }
  if ( val1>600 )
  {
    if ( y_pos<90 )
    y_pos=y_pos+2;
  }else if ( val1<400 )
  {
    if ( y_pos>0 )
    y_pos=y_pos-2;
  }else
  {
    y_pos = y_pos ;
  }
  myservo.write ( x_pos );     // sets the servo position according to
  the scaled value
  myservo1.write ( y_pos );    // sets the servo position according to
  the scaled value
  delay ( 15 );                // waits for the servo to get there
}
```

8.10.5 实物模型图

本节设计的儿童迷宫玩具设计装置如图8-28所示，我们使两个舵机轴部作为迷宫的支撑点且由旋转轴分别控制迷宫前后左右的方向，再通过Arduino编程，实现通过摇杆模块（见图8-29）控制舵机来操控迷宫平衡。

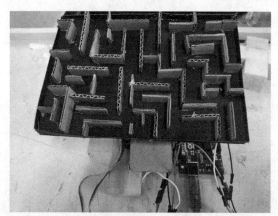

图 8-28　设计装置图

图 8-29　摇杆模块实物模型图

8.10.6 实践验证

本小节儿童迷宫玩具设计案例的Arduino智能控制实践演示可通过链接或二维码进行观看。

视频链接：https://j.youzan.com/3ZRKtB

扫码观看

8.10.7　视野拓展

机器人保持平衡算法的发挥状况及特点

随着工业生产和生活服务方面机械化水平快速提高，为了在繁重、高危工作领域替代人类进行劳动，完成重复性工作，拟人机器人应运而生。这类机器人为了完成各种各样复杂的任务，其设计往往是足式的，发展追求也是更加"像人"。凭借类人的腿部设计，他们能够灵活机动、快速反应，完成奔跑、攀爬、跳跃等复杂动作，但如何保持足式机器人运动中的平衡始终是一大技术难点。

纵观世界各国知名的仿生机器人，例如丰田的 ASIMO，波士顿的 ATLAS 以及深圳的 CASSIE、MARLO、DURUS 等，它们的研究几乎都是从算法着手不断改进平衡控制策略。以双足机器人为例，最早的双足机器人平衡控制策略是"静态步行"，机器人行走过程中，重心（COG）的投影始终位于支撑区域以内，这种算法的优点是机器人动作稳定，可以完成负重搬运等任务，动作启停顺畅；其缺点是行动缓慢，重心转移需要耗费大量时间。第二代平衡策略"动态步行"显著提高了双足机器人行动速度，然而在完成状态转换时机器人将非常不稳定，难以克服惯性带来的影响。为了解决这一问题，人们在动态步行策略中引入了"零力矩点"（ZMP）算法，单脚支撑时，零力矩点与重心投影重合，其优点在于当零力矩点严格控制在机器人支撑区域内时，机器人绝不会摔倒。现在双足平衡的主流是基于零力矩点的动态步行，在这一基础上，根据任务环境的不同，具体动作的复杂程度，不同的机器人还需要大量控制器来补偿调节。

然而，拟人机器人行走和平衡问题立足于模仿人类行走的基本原理，抽象出一个简单的基本模型，生成行走步态，再映射回机器人上的做法，显然只是找到了人类行走复杂系统的一个特殊解。面对复杂的运动环境，非程序化的外界干扰因素，这一算法仍不足以支撑机器人处置特殊情况。

在工业生产和生活服务方面，机器人已经开始取代人力成为重要生产力，但是我们关于机器人的研究仍处于起步阶段。制约机器人发展的因素涉及工业设计、新材料以及软件算法等各个方面。在人工智能技术蓬勃发展的今天，机器人发展还需突破思路，打破技术壁垒，为未来智能机器人的终极形态奠定基础。

8.10.8　学习小结

本小节我们完成了儿童迷宫玩具的设计与制作。通过摇杆模块，控制舵机操控迷宫的平衡来完成游戏。

8.10.9　课后思考

对于智能操作系统你有什么更好的想法，怎样设计能更方便地操作？

附录 A   ArduBlock 基础

启动 ArduBlock 之后，界面如图 A-1 所示，我们会发现它的界面主要分为三大部分：工具区（上）、积木区（左）和编程区（右）。其中工具区主要包括保存、打开、下载等功能，积木区主要是用到的一些积木命令，编程区则是通过搭建积木编写程序的区域。

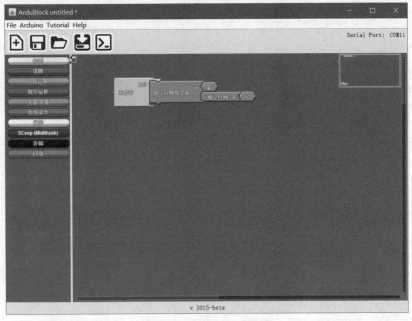

图 A-1   ArduBlock 界面图

1. 控制

控制中的各个模块都是一些最基本的编程语句，只要接触过编程的人都会很容易理解这里面的各个模块的含义。控制中各模块释义如表 A-1 所示。

表 A-1　控制模块

模　块	说　明
主程序　执行	程序中只允许有一个主程序，主程序能够调用子程序，但不能被子程序调用
程序　设定　循环	这里的程序也是主程序，但不同于上一个的是，这里的"设定"和"循环"分别表示 IDE 中的 setup 和 loop 两个函数
如果　条件满足　执行	选择结构 如果条件满足……，执行……
如果/否则　条件满足　执行　否则执行	选择结构 如果条件满足……执行…… 否则执行……
当　条件满足　执行	循环结构 当条件满足……，执行…… 直到条件不满足时跳出循环
重复　变量　次数　执行	循环结构 可设定循环的次数，然后执行……
退出循环	强制退出循环
子程序　执行	编写子程序
子程序	调用子程序

2. 引脚

引脚中的各个模块是针对 Arduino 板的引脚（也称针脚）所设计的，主要是数字针脚和模拟针脚，也包括一些常见的如舵机，超声波等的引脚。引脚中各模块释义如表 A-2 所示。

表 A-2　引脚模块

模　块	说　明
数字针脚 #	读取数字针脚值（取值为 0 或 1）
模拟针脚 #	读取模拟针脚值（取值在 0~1023 之间）
设定针脚数字值 # 设定针脚模拟值 #	设定一般数字针脚的值（0 或 1），设定支持 PWM 的数字针脚的值（0~25 之间）。 以 UNO 为例，支持 PWM 的数字针脚有 3、5、6、9、10、11
伺服　针脚#　角度	设定舵机（又称伺服电机）的针脚和角度，Arduino 中能够连接舵机的针脚只有 9 和 10
360度舵机　针脚#　角度	专门针对 360 度的舵机，设定其针脚和角度
超声波　trigger #　echo #	设定超声波传感器的 trig 和 echo 的针脚，trig 为发射端，echo 为接收端
Dht11温度　针脚# Dht11湿度　针脚#	读取 Dht11 温度和湿度的值
音　针脚#　频率	设定蜂鸣器的针脚和频率
音　针脚#　频率　毫秒	设定蜂鸣器的针脚、频率和持续时间
无音　针脚#	设定蜂鸣器的针脚、频率和持续时间

3.逻辑运算符

逻辑运算符主要包括常见的"且""或""非"。还包括比较运算符，如数字值、模拟值和字符的各种比较。逻辑运算符中各模块释义如表 A-3 所示。

表 A-3　逻辑运算符模块

模　块	说　明
	模拟值和实数的比较，比较的两个值为模拟类型或实数类型，包括大于、小于、等于、大于等于、小于等于、不等于
	数字值的比较， 比较的两个值为数字类型， 包括等于、不等于
	字符的比较，比较的两个值为字符类型，包括等于、不等于
	逻辑运算符，也称"与"，上下两个语句都为真时整体（复合语句）为真，否则为假
	逻辑运算符，上下两个语句都为假时整体为假，否则为真
	逻辑运算符，表示对后面语句的否定
	比较字符串是否相等，比较的两个值为字符串类型
	判断字符串是否为空

4. 数学运算

数学运算主要是 Arduino 中常用的基本运算，包括四则运算、三角函数、函数映射等。数学运算中各模块释义如表 A-4 所示。

表 A-4　数学运算模块

模　块	说　明
	四则运算，包括加、减、乘、除，要求符号两边为模拟值
	取模运算，又称取余或求余，要求符号两边为模拟值
	求绝对值
	乘幂运算，又称乘方运算
	求平方根；三角函数，包括正弦、余弦、正切
	求随机数，随机数范围在"最小值"和"最大值"之间
	映射，将一个数值（变量或常量）从一个范围映射到另一个范围

5. 常量

变量主要包括数字变量、模拟变量、实数变量和字符变量等，它们对应的定义及赋值模块如表 A-5 所示。

表 A-5　变量 / 常量模块

模　　块	说　　明
1	模拟常量
给模拟量赋值　变量 数值	给模拟变量赋值
模拟变量名	设定模拟变量（名），如果没有赋值，默认值为 0
设置数字变量　变量 数值	给数字变量赋值
数字变量名	设定数字变量（名），如果没有赋值，默认值为 false（0）
低（数字）高（数字）	数字常量，高低电平值
真假	数字常量，真假值
实数变量名	设定实数变量（名），如果没有赋值，默认值为 0.0
设置实数变量　变量 数值	给实数变量赋值
3.1415927	实数常量，圆周率
设置 char 变量　变量 char	给字符变量赋值
A	设定字符变量（名）
字符串变量名	设定字符串变量（名）
字符串	字符串常量

6. 实用命令

实用命令是常用到的一些命令，包括延迟、串口监视器的操作、红外遥控的操作等。实用命令中各模块释义如表 A-6 所示。

表 A-6   实用命令模块

模　　块	说　　明
延迟　毫秒 微秒延迟　微秒	延迟函数，单位是毫秒或微妙
上电运行时间	记录 Arduino 上电后到当前为止的运行时间
读取串口	读取串口的值
串口打印加回车	通过串口打印并换行
和模拟量结合	将字符串和模拟量结合，即将模拟量转化为字符串形式
和数字量相结合	将字符串和数字量结合，即将数字量转化为字符串形式
设置红外遥控接收脚	设定红外接收头的针脚
获取红外遥控指令	获取或外遥控的指令
读取 I2C　设备地址　寄存器地址	读取 I2C，需要设备地址和寄存器地址
读取 I2C 是否正确	判断是否正确度 I2C

附录 B　本书所用元器件说明

想要充分发挥 Arduino 的作用，我们就必须使用一个或多个元器件配合
Arduino 板来运行，否则就无法使 Arduino 与周围的世界产生互动以及享受互
动带给我们的乐趣。本书案例中所用元器件如表 B-1 所示。

表 B-1　Arduino 元器件清单

模块名称	数　量
Arduino 控制器	1
LED 灯发光模块	3
舵机 SG90	1
数字大按钮模块	3
玩具车小电机	1
扇叶	1
面包板	1
滑动变阻器	1
超声波 HC-SR04	1
电机	1
超声波避障模块	1
芯片 ULN2003	1
光敏电阻模块	1
热敏电阻模块	1
喇叭	1
L298N 驱动	1
感光元件模块	1

模块名称	数　量
电源模块	1
LCD1602 液晶显示屏	1
RC522 IC 卡识别模块	1
28BYJ48 减速步进电机	1
温湿度传感器 DHT11	1
超声波测距模块	1
蜂鸣器模块	1

Arduino 元器件（Component）一般分为三类：

（1）输入设备，如按钮、开关、各类传感器。

（2）处理器，如单片机、CPU、DSP、GPU 等。

（3）输出设备（或说执行器），控制电路输出电压电流至这些设备，通过他们转换为我们可以感知的声、光、磁及各种运动。

1. 温湿度传感器 DHT11

看到这个名字我们就应该能够有个大概的了解了，温度传感器其实就是一种检测温度变化的传感器。对于依靠温度信号来工作的设备来说，温度传感器是一个关键的器件，例如我们常见的温室系统，因为它们的开启或者关闭都取决于温度。

2. 恒温器

恒温器是温度传感器中最常见的一种，它的功能就是使一个或者多个冷源或热源维持温度恒定，而要实现这样的功能常常需要一个热敏感器件和一个转换控制器件。一般来说，恒温器的热敏器件由两种在同一温度下膨胀率不同的金属或者装有膨胀率不同的液体的管材所构成的装置。转换控制器则需要对热敏器件的变化转化为电信号并给出控制。在没有数码控制之前都是采用的自然物理属性来实现恒温控制，当然，我们也可以利用 Arduino 和热敏元器件来实现一个数码恒温器。

3. 热敏电阻

热敏电阻的特点就是加热后导电性能降低或升高，换句话说就是导电电阻增大或减小，电阻和温度变化构成了关联变化。我们就可以利用热敏电阻的这种电阻随温度变化的特征，通过测量电阻来计算出环境的温度。

当然，热敏电阻也分为两种类型：一种是负温度系数热敏电阻，另一种是正温度系数热敏电阻。很显然，前者是随着温度的升高电阻减小，后者是随着温度的升高电阻更大。

4. 超声波 HC-SR04

超声波传感器使用声呐来确定物体的距离，就像蝙蝠一样。它提供了非常好的非接触范围检测，准确度高，读数稳定，易于使用。其操作不受阳光或黑色材料的影响，但柔软的材料（如布料等）可能难以检测到。

5. 激光雷达

超声波传感器是依靠声波的发射、反射及接收来实现的测距，激光雷达也是一样的原理，不同的是激光雷达发射以及接收的是激光。激光雷达除了速度快，而且所测距离相比超声波更大。除此之外，它还有一个其他传感器无法比拟的特点，就是精度高，通过激光雷达甚至可以不用勘测就绘制出探测目标的图像。

6. 红外 LED 传感器

红外 LED 传感器是通过发光二极管发光、光敏二极管来接收发射光来测距，但红外 LED 的发射功率非常有限，这就限制了它的测距距离，常用在测距距离不大的应用场所，如 3D 打印的位置定位。

7. 红外避障传感器

红外避障传感器对环境光线适应能力强、精度高，其具有一对红外线发射与接收管，发射管发射出一定频率的红外线，当检测方向遇到障碍物（反射面）时，红外线反射回来被接收管接收，此时指示灯亮起，经过电路处理后，信号输出接口输出数字信号，可通过电位器旋钮调节检测距离，有效距离

3 ~ 35cm，工作电压为 3.3 ~ 5V。由于工作电压范围宽泛，在电源电压波动比较大的情况下仍能稳定工作，适合多种单片机、Arduino 控制器、BS2 控制器使用。

8. 光敏传感器

光敏传感器是最常见的传感器之一，它的种类繁多，主要有光电管、光电倍增管、光敏电阻、光敏三极管、太阳能电池、红外线传感器、紫外线传感器、光纤式光电传感器、色彩传感器、CCD 和 CMOS 图像传感器等。光传感器是产量最多、应用最广的传感器之一，它在自动控制和非电量电测技术中占有非常重要的地位。

9. 磁敏传感器

磁敏传感器中霍尔元件及霍尔传感器是生产量最大的，它主要用于无刷直流电机（霍尔电机）中，这种电机用于磁带录音机、录像机、XY 记录仪、打印机、电唱机及仪器中的风扇等。另外，霍尔元件及霍尔传感器还用于测转速、流量、流速，以及利用它制成高斯计、电流计、功率计等仪器。

10. 水温传感器

严格地讲水温传感器分为两大类。无论是哪种，它的内部结构均为热敏电阻，阻值在 275Ω 至 6500Ω 之间，而且是温度越低阻值越高，温度越高阻值越低。

结 束 语

　　可能在学习 Arduino 期间你们有过迷茫，有过周知所措，希望这本书能让你的学习变得容易得多，让你感到欣喜，感到惊奇，感受到 Arduino 的魅力和在操作时带来的快乐。从这本书中，我们学习了闪烁的 LED、旋转风扇、智慧小车、五个综合案例以及三个创意案例提升，并学习了二十个设计案例，通过这些案例的学习，基本可以掌握 Arduino 的用法。在第 7、8 章中经过对视觉交互应用案例和产品创新应用案例的学习后，让同学们了解和学习到一些产品设计中的设计理念、设计方法，逐步将 Arduino 平台的应用范围扩大，让其成为每个设计从业者和学习者的设计工具。同时在这些案例学习完以后，我们可以不断改变创新，创造出更多有创意的作品，同时也可以帮助我们掌握 Arduino 的用法，让我们对 Arduino 的模块应用更加熟练。

　　现如今，Arduino 是用户数量最多的开发平台之一，相较于其他开发平台，它更简单易用。虽然有些用户认为 Arduino 只能开发玩具、成本太高、程序效率低、性能低等，不适合做开发及产品。但是通过本书的学习，我们可以感受到，Arduino 并不像他们所说的那样，它可以用作产品开发制作，而且 Arduino 开源平台可以大大降低开发成本。所以，希望本书能帮助大家实现自己的创意想法，并将其作为一种设计方法和手段应用到我们的日常生活和学习当中去，让智能设计变得更加简单，通过开发各类产品让每个人都可以快速地参与到产品设计当中来。

　　最后，我想对大家说："学习不是一天而成的，它需要我们不断的积累，不断的努力。最能让自己感到快乐的事，莫过于经历一番努力后，所有东西正慢慢变成你想要的样子。别怕路途遥远、生活艰难，走一步有一步的风景，进一步有一步的欢喜。就像学习这本书，开始很难，但经过一番坚持，最后会感受到成功但喜悦以及自身进步的惊讶。"

　　本书就此完结，感谢您的阅读！